炫色佳人系列

美人食材

采薇 编著

中国农业大学出版社

图书在版编目（CIP）数据

美人食材/采薇编著.—北京：中国农业大学出版社，2008.6
(炫色佳人系列)
ISBN 978-7-81117-503-5

Ⅰ.美… Ⅱ.采… Ⅲ.女性-保健-食谱 Ⅳ.TS972.164

中国版本图书馆CIP数据核字(2008)第081336号

书　　名　美人食材
作　　者　采 薇　编著

策划编辑　六睿工社·张 蕊　　**责任编辑**　李丽君
装帧设计　采薇书坊　　**责任校对**　陈　莹　王晓凤
出版发行　中国农业大学出版社
地　　址　北京市海淀区圆明园西路 2 号　　**邮政编码**　100193
电　　话　发行部 010-62731190,2620　　读者服务部 010-62732336
　　　　编辑部 010-62732617,2618　　出　版　部 010-62733440
网　　址　http://www.cau.edu.cn/caup　　**e-mail**　caup@public.bta.net.cn
经　　销　新华书店
印　　刷　北京鑫丰华彩印有限公司
版　　次　2008年6月第1版　　2008年6月第1次印刷
规　　格　787×1 092　16 开本　8 印张　199 千字
定　　价　28.00 元

Contents 目录

Contents

Chapter 3 肉蛋奶类

Chapter 4 蔬菜类

目录

Chapter 5 水果类

Chapter 6 水产类

Contents 目录

Chapter 7
豆类

Chapter 8
干货坚果类

Chapter 1

吃对食物，美丽自然来

真正的美丽源自健康

美丽的外表包括光洁的肌肤、红润的气色、明亮的眼睛、洁白整齐的牙齿、黑亮浓密的秀发以及纤巧有致的身材，而这一切外在的表现都来源于健康的身体，“真正的美丽源自健康”。

美丽靠营养

营养均衡是美丽的基础。我们都知道六大营养素，即蛋白质、脂肪、糖类、维生素、矿物质和水，想做美人，这些营养可都不能少。蛋白质使人体组织丰满，脂肪可以润泽肌肤，糖类使我们充满活力，维生素和矿物质能调解人体各项代谢，水则是你生命的源泉。

所有营养素都可以从饮食中得到，而且从食物中摄取的营养素也是人体最容易吸收的。肉、蛋、奶、水产品、新鲜蔬菜和水果、五谷杂粮、豆类及其制品等食材都含有不同的营养素，应均衡摄取，不可偏废。有一些食材对美容、塑形特别有益，根据自身的需求选择适合自己的美容食材，可以让你事半功倍，轻轻松松做美人。所以，不必什么灵丹妙药，“会吃”就是最简单有效的美丽之道！

吃出好容颜

[润 肤]

脂肪、蛋白质可以使皮肤润泽，预防皱纹和干枯，肉、蛋、奶是其最佳来源；胶原蛋白可以提高肌肤弹性，猪皮等食物中的含量最多；维生素C有助于血液循环，猕猴桃等水果是维生素C的宝库；维生素E能抚平皱纹、延缓衰老，松仁等食材是其最佳代表；维生素A能改善肌肤粗糙，动物肝脏、南瓜中含量丰富；B族维生素可使肌肤平滑润泽，预防多种皮肤疾病，主要存在于肝脏、蛋、奶、豆类、谷类中。

[美 发]

蛋白质是秀发亮泽的关键，锌等矿物质和B族维生素可以延缓白发的生长，多吃高蛋白食物、海带、紫菜、鱼类和新鲜蔬菜对美发也十分有益。

[明 目]

维生素A和β-胡萝卜素是保护视力的营养素，可多吃肝脏、胡萝卜以增加其摄入量。冬瓜、红豆、薏米等食材可消除眼部浮肿，淡化黑眼圈。

[美 甲]

指甲的健康取决于蛋白质和维生素C、维生素E、B族维生素等，多吃酸奶、核桃、花生，可以美化坚固指甲，防止断裂。

[固 齿]

钙、维生素C、磷、氟都是保护牙齿的有效元素。奶制品、肉类、豆制品是钙的最佳来源，新鲜水果可以补充维生素C，而鱼类及水产品中含有丰富的磷，氟则可以从矿泉水、茶、海鱼中获取。

五脏调和人更美

“五脏调和”的说法来自中医五行理论，是指人体的心、肝、肺、肾、脾五个重要脏器处于一种平衡状态，这是人体维持健康、气血通畅的保证，只有身心平和才能让你由内而外地散发出光彩。

五色五味补五脏

[五 色]

食物“五色“是将天然食物按其表面颜色分为白、绿、黑、红、黄五大类，每一类都有不同的营养价值和功效，可以补益“五脏”中的相应脏器。

一般来讲，白色食物对肺部有益，代表食物有薏米、百合、莲藕、银耳、杏仁等；绿色食物可以强化肝脏，代表食物有菠菜、绿豆、黄瓜、丝瓜等；黑色食物养肾，代表食物有黑豆、黑木耳、海带、黑芝麻、香菇等；红色食物有利于心血管系统，代表食物有红豆、番茄、大枣、樱桃等；黄色食物健脾胃，代表食物有甘薯、土豆、玉米、小米等。

[五 味]

食物“五味“是指食物天然的辛（辣）、酸、咸、苦、甘（甜）五种不同的味道。它们也同样对应人体五脏，对相应的脏器有益。

辛味食物可以活血、散寒、祛湿、杀菌，对肺部有益；酸味食物帮助消化，可以强化肝功能；咸味食物可以利水消肿，对肾脏有好处；苦味食物清热泻火、祛暑除烦，有利于心血管系统；而甘味食物可以补充气血、促进食欲，对脾胃有益。

五行、五脏、五色、五味的对应关系

五行	五色	五脏	五味
木	绿	肝	酸
火	红	心	苦
土	黄	脾胃	甘
金	白	肺	辛
水	黑	肾	咸

从外表看健康

内脏功能不佳，会直接从外表反映出来。如果你也有下面一些问题，要注意补养相应的脏器，从饮食上入手，也许就可以得到改善。

脸色灰暗、倦怠：肺部功能不佳，身体缺氧。
脸色苍白无光：循环不畅，寒湿凝滞。
眼圈发黑或浮肿，双目无神：肾功能不佳。
面色发青、发黄：肝胆功能不良，解毒能力差。
身体瘦弱单薄：脾胃失调，消化功能较差。
脱发、白发或头发干枯：肾气不足。
虚胖：脾虚或由于肾功能差造成的水肿。

认清食物的四性

中医认为“医食同源”，每一种食物进入人体后，都会对人体功能产生一定的效果，这就是所谓的“食性”。我们一般把食物分为四种食性，即热性、温性、凉性、寒性。

认清食物的四性对我们非常重要，根据自身的体质选择相应性质的食物，如寒性体质的人多吃热性或温性食物，热性体质的人多吃寒性或凉性食物，才能对自己的健康有益。否则，寒上加寒或热上加热，身体吃不消，美丽更是无从谈起了！

[热性食物]

热性食物能使身体产生热量，促进血液循环，代表食物有辣椒、洋葱、生姜、大蒜、荔枝等，适合面色苍白、手脚冰凉的“冷”美人们。

[温性食物]

温性食物比热性食物的热性小一些，如牛羊肉、鸡肉、韭菜、海鱼、虾、樱桃、核桃、栗子等。

[凉性食物]

降低身体热能、清热、祛火的食物称为凉性食物，代表食物有白萝卜、苦瓜、黄瓜、丝瓜、冬瓜、绿豆等。

[寒性食物]

性质比凉性食物更寒凉，代表食物有西瓜、梨、猕猴桃、空心菜、海带、紫菜、竹笋等，对经常内热、上火、生疮、便秘的美人们可谓“灵丹妙药”。

不在这四性之内的食物，一般性质不寒不热，我们称为平性。这类食物具有健脾开胃、强壮补益的作用，适合大多数人食用。代表食物有大米、小麦、黄豆、黑豆、圆白菜、油菜、花椰菜、胡萝卜、鸡蛋、牛奶、土豆、甘薯、草莓、大枣等。

你是哪种体质

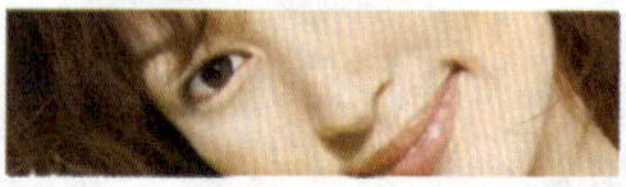

每个人都会表现出偏寒或偏热两种不同的体质倾向，了解自己的体质类型是正确选择食物的第一步。

也有一些人没有很明显的体质特征，属于比较中性的，在挑选食物的时候适应面就比较广。还有一些人两种体质兼有，我们称为“冰包火”（即外冷内热）或者上热下寒，这些往往都是身体循环不畅、内脏功能不调的表现，从而掩盖了真正的体质特点。

[热性体质]

热性体质一般表现为：经常发热、上火，口干舌燥，面红耳赤，舌苔厚而黄，口臭，容易发炎、出血和生疮起痘，便秘或大便干燥，脾气大，性子急，容易烦躁，喜欢吃冷食，不怕冷。

[寒性体质]

寒性体质一般表现为：经常四肢冰冷、脸色苍白、精神虚弱、容易疲劳，身体抵抗力较差，舌苔较厚，不易口渴，有贫血倾向，容易腹泻，性格偏安静内向，喜欢吃热饮及热食，怕冷。

Chapter 2

谷物类

小 米

性：微凉　味：甘　色：黄　对应五脏：脾胃

食材细说

小米又叫粟米、谷子，是熬粥的好材料。小米所含的淀粉非常容易被人体吸收，食用小米粥可以促进消化，有助于改善反胃、呕吐、腹泻等症状。

小米中脂肪和蛋白质的含量比其他谷物都高，具有滋阴养血的功效，我国北方许多地方都有让产妇喝小米红糖粥的习惯，可以有效地帮助产妇恢复体力、调养身体。小米还有清热解渴、健胃安眠的功效，小米粥对老年人、病后体虚者来说也同样是滋补佳品。

美丽功效

滋阴养血，健胃安眠，促进消化。

营养成分

糖类、B族维生素、维生素E、钙、磷、钾等。

适应人群

☑YES

特别适合老人、失眠体虚者、脾胃虚弱者及产妇滋补。

☒NO

胃寒体质者不可食用过多。

黄金搭配

- 小米蛋白质中的赖氨酸含量偏低，应该多与赖氨酸含量高的豆类（如黄豆等）、肉类一起食用，才能使营养更完整。
- 小米与大米一起熬煮成粥，即“二米粥”，营养价值更高，养胃补气的作用更强。

红糖小米粥

● 材料

小米200克。

● 调料

红糖适量。

● 做法

1. 将小米洗净，放入锅中，加适量水烧开，撇去浮沫，中火煮30分钟左右，至黏稠即可出锅。
2. 将粥盛入碗中，加红糖拌匀即可食用。

美丽心经

这是产后调养的传统食品，小米可以滋阴养血、疗补虚弱，红糖可以改善血液循环、促进恶露排出，月子里食用最好。

小米鸡肉粥

● 材料

小米200克，鸡肉100克，香葱10克。

● 调料

淀粉1大匙，盐2小匙，鸡精1小匙。

● 做法

1. 将鸡肉切片，用淀粉抓匀，香葱洗净切小段。
2. 将小米洗净、放入锅中，加适量水烧开，撇去浮沫，中火煮30分钟。
3. 放入鸡肉片，煮至肉变白色，放盐、鸡精调味即可。

美丽心经

鸡肉非常软嫩，容易消化，加上补虚的小米，有助于强壮身体，提高免疫力。

玉 米

性	味	色	对应五脏
平	甘	黄	脾胃

食材细说

玉米又叫苞米、苞谷，它含有有利于心血管健康的不饱和脂肪酸，可以软化血管，降低血压和血脂，预防心血管疾病的发生。

玉米中丰富的维生素E有抗衰老的作用，可以维持皮肤弹性，改善肌肤粗糙老化现象，预防皱纹产生。膳食纤维促进肠道蠕动，清肠通便，所含的硒有抗氧化、防癌的作用，可以说，玉米是抗老、防衰、美容的最佳食品之一。

美丽功效

抗衰老，细腻肌肤，延缓皱纹产生，软化血管，降脂通便。

营养成分

蛋白质、糖类、脂肪、维生素E、B族维生素、硒、镁、磷、膳食纤维等。

适应人群

☑YES

特别适合肌肤粗糙、老化，便秘，高血压及动脉硬化者。

☒NO

胃闷胀气者及糖尿病患者一次不可多食。

黄金搭配

- 玉米蛋白质中的赖氨酸和色氨酸含量不如其他谷物，所以，玉米应搭配富含赖氨酸和色氨酸的豆类和肉类食用，使其营养搭配更均衡。
- 将玉米粒磨成粉可以提高营养的吸收率。玉米粉是制作窝头、糕点和饼类的常用材料，是非常好的主食。

玉米土豆饼

● 材料

熟甜玉米100克，土豆100克。

● 调料

植物油2大匙，盐2小匙。

● 做法

1. 将土豆蒸熟，晾凉后去皮，压碎成泥，加入玉米粒和盐，搅拌均匀。
2. 将玉米和土豆的混合泥搓成直径3厘米大的球，再压扁成饼。
3. 取平锅加热，抹少许油，放入玉米土豆饼，两面煎黄即可。

美丽心经

这是一道营养丰富的主食，能快速补充能量，消除疲劳，强壮身体。

蜜香玉米饭

● 材料

熟甜玉米100克，黑米100克。

● 调料

蜂蜜1大匙。

● 做法

1. 将黑米洗净，浸泡6小时以上，捞出，包于屉布中。
2. 蒸锅加足量水烧开，将黑米放入蒸锅，大火蒸30分钟左右，至熟。
3. 将蒸熟的黑米晾凉，盛入碗中，加甜玉米、蜂蜜拌匀后压紧实，扣在盘中即可。

美丽心经

玉米和黑米都有润肤美容、抗衰老的作用，常吃有助于永葆青春。

薏米

性	味	色	对应五脏
微凉	甘	白	脾肺

美丽功效

美白肌肤，消除色斑，消肿抗癌。

营养成分

蛋白质、糖类、维生素A、B族维生素、钙、铁、钾、镁等。

适应人群

☑YES

一般人均适合，尤其对肌肤粗糙暗沉者及肿瘤患者有益。

☒NO

便秘、尿多者及怀孕初期的妇女最好不要食用。

食材细说

薏米是一种营养价值很高、药食两用的保健食品，有补肺清热、利尿止泻的作用。

薏米有很好的美容功效，常食可以保持肌肤光泽细腻，消除色斑，美白防皱，还能预防和治疗一些皮肤病，特别是其丰富的B族维生素对防治脚气病十分有利。

抗肿瘤是薏米的另一大特长，许多抗肿瘤的药物中都含有薏米的提取物成分，可以全面增强人体免疫力。

薏米的利尿消肿功效也很显著，对于调节人体水分平衡、消除水肿有一定帮助。

黄金搭配

- 薏米是熬粥的好材料，一般搭配红豆、绿豆、黄豆等各种豆类效果最好，口感也不错。
- 薏米也适合煮汤用。搭配一些富含胶原蛋白的食材，其美容养颜的效果更加出色。
- 薏米也可以用食品加工机打成粉末，冲水饮用，美容保健效果同样不错，而且还更容易保存。用薏米粉做面膜，美白效果非常好。

薏米炖排骨

● 材料

薏米100克，排骨300克，冬瓜150克，姜3片。

● 调料

料酒1匙，盐2小匙。

● 做法

1. 将排骨切小段，焯水备用，冬瓜去皮、瓤后切块，薏米洗净后浸泡3小时。
2. 将排骨放入锅中，加适量水烧开，加料酒、姜片，小火炖30分钟。
3. 放入薏米、冬瓜和盐，再炖煮10分钟即可出锅。

美丽心经

薏米有美白肌肤的作用，排骨补充蛋白质和脂肪，可以达到滋润肌肤的效果。

薏米莲子羹

● 材料

薏米100克，莲子50克。

● 调料

冰糖1大匙。

● 做法

1. 将莲子浸泡6小时以上，薏米浸泡3小时。
2. 将莲子放入锅中，加适量水，中火煮40分钟，放入薏米和冰糖，再煮20分钟即可。

美丽心经

白色食材一般都具有润肺的效果，而两种白色食材搭配效果更是加倍，秋燥季节多食此羹，有助于提高防病能力。

黑 米

性	味	色	对应五脏
温	甘	黑	脾肾

美丽功效

补血益气，润色养颜，安神健脾，疗补肾虚。

营养成分

糖类、蛋白质、胡萝卜素、B族维生素、维生素C、花青素、锌、锰、铜、钾等。

适应人群

☑YES

特别适合贫血、体虚、脾胃及肾脏虚弱者食用。

☒NO

消化不良者应少食。

食材细说

黑米又叫紫米，是糯米的一种。黑米所含的蛋白质和锰、锌、铜等矿物质都比普通稻米高很多，更含有普通稻米所缺少的花青素、胡萝卜素、维生素C等成分，营养价值很高。

常食黑米可以补血、安神、明目、健脾，对于少白头、产后体虚、病后体虚、肾虚等都有很好的补益调养作用。

干果黑米粥

● 材 料

黑米200克，熟腰果30克，熟白芝麻5克。

● 调 料

红糖适量。

● 做 法

1. 将黑米洗净，浸泡1小时后放入锅中，加适量水，中火煮30分钟，盛碗中。
2. 将腰果砸碎，和黑芝麻、红糖一起放入粥里，拌匀即可。

美丽心经

腰果和芝麻都富含多种微量元素，尤其是锌，对于养发益智很有帮助，搭配黑米功效更佳。

Chapter 3

肉蛋奶类

牛肉

美丽功效

补血益气，健脾养胃，强壮筋骨。

营养成分

蛋白质、脂肪、铁、钙、锌、钙、维生素A、叶酸等。

适应人群

☑YES

尤其适合贫血、体弱乏力、易腰酸腿疼者及心血管疾病患者食用。

☒NO

内热体质及过敏、湿疹、肾炎患者应少食。

性	味	色	对应五脏
温	甘	红	胃心

食材细说

牛肉是高蛋白食品，脂肪和胆固醇含量相对较低，怕胖的女性可以放心食用。

牛肉还富含铁、钙、锌、叶酸等微量元素，铁可以预防缺铁性贫血，钙和锌能改善骨质疏松，叶酸能美化肌肤、预防妇科肿瘤，蛋白质可以修复及充盈细胞，补充体力，提高身体免疫功能。所以说，牛肉对女性健康特别有益。

烹调技巧

- 切牛肉时应逆着肌纤维的纹路切，这样烹调出来才能既美观又入味。牛肉烹调后有收缩现象，所以切块不宜太小。
- 牛肉肌纤维较粗，口感粗糙，适当使用嫩肉粉可以使肉更滑嫩，口感更好。也可以先将酱油、淀粉、鸡蛋清、色拉油等拌匀，放入牛肉腌渍2小时，再炒制时，就会鲜嫩得多了。
- 牛肉适合炖汤、快炒或煎、烤、涮，不同烹饪方法烹制的牛肉口感不同，各有特色。

芥蓝炒牛柳

● 材 料

牛里脊150克，芥蓝300克。

● 调 料

植物油2大匙，酱油1大匙，水淀粉1大匙，胡椒粉1/2小匙，盐1小匙，鸡精1小匙，香油1小匙。

● 做 法

1. 将牛里脊切条，用酱油和水淀粉抓匀。
2. 将芥蓝洗净、切段，用水焯熟备用。
3. 锅中放油烧热，倒入牛里脊条，煸炒至变色即放入芥蓝、胡椒粉、盐、鸡精，快速翻炒10秒钟即可出锅。

美丽心经

芥蓝菜和牛肉同炒，既有助于肉食的消化，也可以缓解菜自身的苦涩口感，是最佳搭配。

爆炒牛肉

● 材 料

牛里脊200克，洋葱100克，红椒50克。

● 调 料

植物油2大匙，酱油1大匙，料酒1大匙，姜粉1小匙，水淀粉1大匙，白糖1小匙，盐1小匙，鸡精1小匙，香油1小匙。

● 做 法

1. 将牛肉切厚片，用酱油、料酒、姜粉、水淀粉抓匀，下油锅滑熟备用。
2. 将洋葱洗净、切片，红椒去籽、洗净、切菱形片。
3. 锅中倒入油烧热，放洋葱煸出香味，放入牛肉片、红椒、白糖、盐、鸡精，快速翻炒20秒，淋香油后出锅。

美丽心经

洋葱不论从营养还是从口味上，都是最适合与牛肉搭配的蔬菜之一。

猪肝

性	味	色	对应五脏
温	苦	红	心肝

食材细说

猪肝是高效的补血佳品，对改善缺铁性贫血、提高人体造血机能尤其有效，搭配菠菜，补血效果更好。

猪肝含有丰富的维生素A，其含量远远超过肉、蛋、奶、鱼等食品，具有护眼明目、改善气色、养护皮肤的作用。

肝脏是解毒器官，吃一些动物肝脏也可以提高人体的解毒能力。但动物肝脏胆固醇的含量很高，不宜一次食用太多，尤其是胆固醇过高、糖尿病、痛风、冠心病患者最好不要尝试，以免加重病情。

美丽功效

补血，改善气色，明目，解毒。

营养成分

蛋白质、铁、硒、维生素A、B族维生素、维生素C、叶酸等。

适应人群

☑YES

缺铁性贫血、用眼过度者适合食用。

☒NO

血脂、血压、血糖过高者及冠心病、肝炎、痛风病人不宜食用。

烹调技巧

- 新鲜猪肝烹调前应先用自来水冲洗10分钟，再用水浸泡30分钟。然后入沸水汆烫，去除血水，方可继续烹调或放入冰箱保存。
- 猪肝烹调不好容易老硬，口感不佳，在入锅烹调前先用淀粉和鸡蛋清上浆，可以使猪肝更鲜嫩。此外，猪肝烹调时间不宜太短，必须完全熟透，变成灰褐色、没有血丝才可以安心食用。

猪肝菠菜粥

● 材料

猪肝100克，糯米150克，菠菜50克。

● 调料

盐1小匙，鸡精1小匙。

● 做法

1. 将猪肝切片，菠菜切小段，分别焯水。
2. 将糯米淘洗干净，下入锅中，放适量水煮30分钟。
3. 放入菠菜、猪肝和调味料搅匀，再煮沸即可。

美丽小经

这是一道补血的佳肴，常吃可以使脸色更加红润，特别适合女性朋友。

鱼香肝尖

● 材料

猪肝200克，红椒50克，水发木耳30克，冬笋30克，姜片2片。

● 调料

植物油2大匙，豆瓣酱1大匙，酱油1大匙，白醋1大匙，白糖1大匙，盐1小匙，鸡精1小匙，水淀粉1小匙，香油1小匙。

● 做法

1. 将猪肝切片，用酱油抓匀，下油锅滑熟备用，红椒和冬笋分别切片。
2. 锅中倒入油烧热，放豆瓣酱煸出香味，放入姜片、白糖、白醋略炒，倒入猪肝片、红椒、木耳、冬笋，快速翻炒，加盐、鸡精调味，勾芡淋香油后出锅。

美丽小经

这道菜色彩丰富，诱人食欲，营养搭配也非常合理，对五脏均有补益。

猪蹄、猪皮

性	味	色	对应五脏
平	咸	白	肺肾

食材细说

猪蹄和猪皮都含有大量的胶原蛋白，有滋阴补血、美容养颜的功效，常吃可以保持肌肤弹性，延缓老化，改善皱纹和松弛状况，使肌肤更细腻红润，光彩照人。

此外，猪蹄和猪皮中所含的动物胶质、铁、钙等成分可以改善贫血及月经不调，强筋壮骨，预防骨质疏松，再加上丰富的蛋白质和脂肪，能促进胸部发育，使产后乳汁分泌更充足，尤益于女性滋补。

由于猪蹄和猪皮的脂肪含量高，所以也不要过量食用，以免血脂增高。对于怕食油腻的人，如肥胖、心血管疾病、肝病患者，这类食物不是好的选择。

美丽功效

猪蹄、猪皮都有润泽肌肤、滋阴补血、延缓衰老的功效，猪蹄还能丰胸通乳。

营养成分

胶原蛋白、脂肪、钙、铁、动物胶质等。

适应人群

☑YES

特别适合贫血、术后调养者以及肌肤粗糙、胸部发育不良、产后缺乳的女性。

☒NO

肥胖、血脂过高、动脉硬化、高血压、肝病患者、消化功能不佳者应尽量少食。

烹调技巧

- 猪蹄最适合炖汤用，可搭配以花生、豆类或红枣。
- 猪蹄和猪皮在烹调前要先洗净汆烫一下。一般方法是：冷水加少许姜片（或花椒、料酒）烧开，放入猪蹄或猪皮烫2分钟左右捞出。汆烫可以起到去腥的作用。
- 猪皮熬煮后放入冰箱保存，得到的富含胶质的肉皮冻是美容佳品。

花生枸杞猪蹄汤

● 材 料

猪前蹄1只，花生30克，枸杞子20克，大葱50克，姜片3片。

● 调 料

料酒1大匙，白糖1小匙，盐2小匙，鸡精1小匙。

● 做 法

1. 将猪蹄切块，用水焯一下，大葱切段。
2. 将焯好的猪蹄放入锅中，加适量水烧开，放葱段、姜片、料酒、白糖，小火炖煮1小时。
3. 放入花生、枸杞、盐再炖20分钟，放鸡精调味即可。

美丽心经

花生、猪蹄都是补血、催奶的食材，枸杞可以养肝补肾，这道汤特别适合产后食用。

葱香酱猪皮

● 材 料

猪皮300克，香葱20克。

● 调 料

料酒1大匙，酱油2大匙，白糖1大匙，五香粉1大匙。

● 做 法

1. 将猪皮切大块，用水焯一下，洗净，香葱洗净后切成末。
2. 锅中放水烧开，放入猪皮，加料酒、酱油、白糖、五香粉，小火炖煮1小时。
3. 大火收浓汤汁后盛入碗中，撒上香葱。

美丽心经

中医有“以形补形”之说，用猪皮做的菜无疑是滋养肌肤的好选择。

鸡蛋

性	味	色	对应五脏
平	甘	黄白	胃肺

食材细说

鸡蛋被称为“理想的营养库”，其所含的蛋白质十分丰富和完整，包括了8种人体必需的氨基酸，而且非常容易被人体消化吸收，是补充营养、增强体力、促进身体发育、延缓衰老的佳品。

鸡蛋的蛋黄含脂肪和胆固醇较高，有心血管疾病者尽量只吃蛋白，不吃蛋黄。而孕产妇、婴幼儿及青少年需要大量的蛋白质，每天要吃1～2个全蛋，才能满足身体需要。

美丽功效

补充体力，调养气血，促进发育，延缓衰老。

营养成分

蛋白质、脂肪、卵磷脂、维生素A、B族维生素、铁、钙、磷等。

适应人群

☑YES

体质虚弱者、孕产妇、婴幼儿及青少年。

☒NO

肝、肾疾病患者少食，高血压、高血脂、冠心病患者应少食蛋黄。

烹调技巧

- 鸡蛋的烹调方法非常多，蒸、煮、煎、炒菜、做汤都适合。
- 鸡蛋清常用来腌浸肉食，这样可以使肉类更加嫩滑，煎、炸之后口感更好。

银鱼鸡蛋饼

● 材 料

鸡蛋200克，银鱼50克，大葱20克。

● 调 料

植物油2大匙，盐2小匙。

● 做 法

1.将银鱼去内脏、洗净，大葱切碎末。
2.将鸡蛋打入碗中，放入银鱼、葱花和盐，顺时针搅匀。
3.锅中倒入油烧热，倒入材料混合液，中火煎至两面金黄色即可。

美丽心经

鸡蛋的蛋白质十分完全，加上富含多种微量元素的银鱼，营养更加完整。

海鲜鸡蛋羹

● 材 料

鸡蛋150克，虾仁30克，水发海参30克，鲜干贝30克，香菜10克。

● 调 料

盐1小匙。

● 做 法

1.将虾仁去沙线，海参切小块，香菜切末。
2.将鸡蛋打入碗中，加盐、温开水，顺时针打匀，放入虾仁、海参、鲜干贝。
3.将蒸锅加入足量的水烧开，将蛋羹碗放入蒸锅，大火蒸10分钟后取出，撒上香菜末即可。

美丽心经

这是一道高蛋白、高营养的蛋羹，可以补充体力、健脑益智，经常用脑的人应多食。

乌鸡

性	味	色	对应五脏
温	甘	黑	脾 肾

食材细说

乌鸡又叫乌骨鸡，它不仅外皮、眼、爪等是黑色的，连肌肉、骨头和大部分内脏也是黑色的。乌鸡的营养价值和补益功效都远远高于普通鸡，口感也更细嫩，自古就是女性滋补的佳品。

食用乌鸡可以补虚劳，补血养颜，强筋壮骨，改善缺铁性贫血和骨质疏松等问题，对一些妇科疾病也有很好的防治作用。乌鸡还是女性产后调养的传统食品。

妇科良药“乌鸡白凤丸”就是以乌鸡入药制成的，可以补气养血、调经止带，乌鸡的食疗价值由此可见一斑。

美丽功效

补五脏，疗体虚、滋养气血。

营养成分

蛋白质、维生素A、B族维生素、维生素E、烟酸、磷、铁、钾等。

适应人群

☑YES

特别适合缺铁性贫血及女性食用，也适合体质虚弱、病后或产后食用。

☒NO

食欲不振、伤风感冒未愈者应少食。

烹调技巧

- 乌鸡适合用炖煮的方法烹调，由于肉质非常细嫩，炖煮时间不需要太长，用砂锅以小火炖1小时就能骨酥肉烂。
- 炖汤前先将乌鸡连骨砸碎，可以使骨质充分溶解，熬出的汤营养更丰富。

  食用时既要吃肉又要喝汤，才能吸收更多营养，达到良好的食疗效果。

乌鸡补血汤

● 材料

乌鸡300克，枸杞子20克，红枣20克，姜片3片。

● 调料

料酒1大匙，盐2小匙。

● 做法

1. 将乌鸡切大块，焯水备用。
2. 锅中放适量水烧开，放入所有材料和料酒，小火炖煮1小时，放盐再炖10分钟即可。

美丽心经

身体虚弱者及产后的新妈妈特别适合食用这道汤，可以补气养血，活血化淤。

乌鸡党参汤

● 材料

乌鸡300克，党参20克。

● 调料

料酒1大匙，盐2小匙。

● 做法

1. 将乌鸡切大块，焯水备用。
2. 锅中放适量水烧开，放入乌鸡、党参和料酒，小火炖煮1小时，放盐再炖10分钟即可。

美丽心经

党参是一味补中益气、健脾益肺的中药，也是营养佳品，和乌鸡一起食用，补虚的效果更好。

牛奶、酸奶

性 平
味 甘
色 白
对应五脏 脾肺

美丽功效

强壮骨骼，补充体力，改善贫血，养胃润肺，调整肠胃。

营养成分

乳蛋白、糖类、脂肪、维生素A、B族维生素、钙、磷等，酸奶还含大量益生菌。

适应人群

☑YES

适合孕产妇、老年妇女以及贫血、缺钙、体虚者，也特别适合于儿童、青少年。

☒NO

怕胖的人宜饮用脱脂牛奶。

食材细说

牛奶富含的乳蛋白和钙可以补充体力，促进发育、预防骨质疏松和贫血，还有养胃、润肺的作用。

酸奶由牛奶添加乳酸菌发酵而成，更利于消化吸收，能调整肠道菌群，润肠通便，其他功效与牛奶相同。

牛奶、酸奶是传统的美容食品，常饮能令肌肤白里透红、细腻润泽。

酸奶草莓露

● 材 料

草莓100克，酸奶150克。

● 做 法

将草莓洗净、去蒂，放入搅拌机中，加入酸奶，一起搅打成糊状，倒入杯中即可饮用。

美丽心经

牛奶、酸奶都非常适合与水果搭配食用，不仅可以去除水果的涩味、使口感更加滑润，而且乳蛋白加上丰富的维生素，营养也特别全面。

Chapter 4

蔬菜类

菠菜

性	味	色	对应五脏
微凉	甘	青	肝

食材细说

菠菜的含铁量很高，又含有大量促进铁质吸收的类胡萝卜素和维生素C，因此有改善缺铁性贫血的作用，是备受人们推崇的补血养颜的佳品。《本草纲目》中也说菠菜可以“通血脉，开胸膈，下气调中，止渴润燥”，血脉畅通了，人自然面色红润、光彩照人！

菠菜膳食纤维丰富，能促进肠胃蠕动，防治便秘，排毒轻身的效果超级棒！

另外，菠菜叶中含有丰富的叶酸，有益于胎儿神经管发育，适合孕妇用来补充营养。菠菜还有平衡血糖、抗衰老、抗肿瘤的作用，对降低视网膜退化、保护视力也有一定的功效。

菠菜根

美丽功效

补血，排毒，通便，改善气色。

营养成分

胡萝卜素、铁、钙、B族维生素、叶酸、钾、膳食纤维等。

适应人群

☑YES

一般人均适合，尤其对缺铁性贫血、便秘、糖尿病患者更加有益。

☒NO

寒性体质者、容易腹泻者、结石病患者少食为妙。

烹调技巧

- 菠菜中草酸含量很高，如果直接烹调，容易与其他食物里的钙结合，生成草酸钙，从而影响人体对钙的吸收。但这个问题也容易解决，只要烹调前将菠菜在沸水中氽烫一会儿，大部分草酸即可分解，同时，菠菜的涩味也消除了。
- 除了菠菜绿叶以外，红色的菠菜根含铁量也很高，千万不要丢弃哦！

菠菜山药汤

● 材料

菠菜100克，山药100克，冬瓜50克。

● 调料

盐1小匙，鸡精1小匙，香油1小匙。

● 做法

1. 将山药去皮、切片，冬瓜去皮、去瓤、切块，菠菜洗净、焯水备用。
2. 锅中放水烧开，放入山药、冬瓜，中火煮15分钟。
3. 放入菠菜，再开锅，加调料搅匀即可。

美丽心经

菠菜有很好的养血、补血作用，再加上健脾润肺的山药、清热消肿的冬瓜，美容瘦身的功效更加显著。

菠菜拌花生

● 材料

菠菜200克，花生米50克，熟白芝麻6克。

● 调料

植物油1大匙，醋1大匙，白糖1小匙，盐1小匙，鸡精1小匙。

● 做法

1. 将菠菜洗净、切段，用水焯熟后过凉，沥水，装盘。
2. 将花生米用油炸熟后放在菠菜上，放醋、白糖、盐、鸡精拌匀，撒上白芝麻即可。

美丽心经

菠菜含铁和胡萝卜素很高，是补血的天然蔬菜，可改善因经血过多造成的贫血，搭配养血、止血的花生，可以全面提高血液循环功能。

黄瓜

性	味	色	对应五脏
微凉	甘	青	肝

食材细说

黄瓜热量很低，多吃可以增加饱腹感，而不用担心发胖，适合肥胖及糖尿病患者食用，是安全有效的减肥品。

黄瓜还是物美价廉的天然美容食品，能改善肌肤的水油平衡，常吃黄瓜能美化肌肤、改善皮肤粗糙、色斑、油质分泌旺盛、痤疮等问题。把黄瓜切成片，贴在脸上，可以有效地去油补水，减少皱纹，是居家护肤的好方法。

除了这些，黄瓜还有清热祛暑、去油解腻、利水消肿、降低胆固醇的作用。

美丽功效

美容，减肥，清热，利尿。

营养成分

维生素C、膳食纤维、钾、叶酸等。

适应人群

☑YES

肥胖、皮肤粗糙油腻、发热、中暑者及糖尿病患者。

☒NO

脾胃虚寒、呕吐及腹泻者应少食。

烹调技巧

- 黄瓜表皮粗糙，食用前一定要清洗干净。凉拌黄瓜前，要先将黄瓜用少许盐腌15分钟左右，滗去水分后再切制，这样黄瓜的口感更脆嫩。
- 黄瓜炒至时间不宜过长，采用旺火快炒比较好，否则黄瓜蔫了，影响口感，营养也流失了。

黄瓜卷菜丝

● 材料

黄瓜200克，胡萝卜、白萝卜、香菇、冬笋各50克。

● 调料

盐2小匙，鸡精1小匙，香油1小匙。

● 做法

1. 将胡萝卜、白萝卜分别去皮、切丝，香菇和冬笋分别切丝后焯水备用。
2. 将黄瓜洗净、切段，滚刀切取瓜皮备用。
3. 将胡萝卜丝、白萝卜丝、香菇丝、冬笋丝用调料拌匀，静置30分钟后捋顺，卷入黄瓜皮中，装盘即可。

美丽心经

翠绿色的黄瓜搭配多种颜色的蔬菜，以“五色补五脏”的说法来看，可以起到滋补五脏的作用。

酸辣黄瓜

● 材料

黄瓜2条。

● 调料

辣椒油1大匙，醋1大匙，白糖1小匙，盐2小匙，白胡椒粉1/2小匙。

● 做法

1. 将黄瓜洗净，从头到尾斜刀切片，但不要切断，保留1/3，翻转黄瓜，用同样方法再斜刀切，切好后用盐抹匀腌1小时，挤水后码盘。
2. 将醋、白糖、白胡椒粉、辣椒油调匀，淋在黄瓜上即可。

美丽心经

黄瓜可以清肝解毒，醋也对肝脏有益，常吃这道菜有清暑热、解油腻、养护肝脏的作用。

丝 瓜

性	味	色	对应五脏
微凉	甘	青	肝

食材细说

丝瓜是不可多得的“女性食品”。它富含维生素B_1、维生素C、植物黏液质、木胶质等，可以美白柔嫩肌肤、消除色斑、淡化皱纹、延缓肌肤衰老，帮助修复晒伤的肌肤，去油补水、滋养润泽的效果也非常好。

丝瓜还有清热解暑、活血凉血、生津止渴、化痰止咳、解毒通便的作用。对女性来说，丝瓜还有特别的功效，就是调月经、通血脉、止白带、促进产后乳汁分泌，不愧于“女性食品”的称号。

除了食用以外，丝瓜也是居家美容的好材料，用丝瓜汁、丝瓜泥做天然面膜，美肤效果超级棒！

美丽功效

美容养颜，清热化痰，调经通乳。

营养成分

蛋白质、B族维生素、维生素C、植物黏液质、木胶质等。

适应人群

☑YES

一般人均适合，女性食用益处更多。

☒NO

脾胃虚弱、容易腹泻者应少食。

烹调技巧

- 丝瓜不宜生吃，一般用来炒菜或煮汤。生丝瓜中的黏液物质容易刺激肠胃，引起不适症状，熟制后即可避免。
- 丝瓜切后容易变黑，影响美观。此时可以将切好的丝瓜放入加少许盐的沸水中氽烫一下，捞出迅速放入凉水中浸泡凉透，这样，丝瓜就不会变黑了。

丝瓜烩山药

● 材料

丝瓜200克，山药100克，枸杞子20克。

● 调料

盐2小匙，鸡精1小匙，香油1小匙。

● 做法

1. 将丝瓜、山药分别去皮、切块。
2. 将丝瓜、山药放入锅中，加适量水煮15分钟。
3. 放枸杞子再煮5分钟，加调料调味即可。

美丽心经

丝瓜使肌肤细嫩柔滑，山药美白祛斑，枸杞增强造血机能。这道菜有滋养容颜的作用。

丝瓜鱼片汤

● 材料

丝瓜150克，鲤鱼肉100克，木耳20克，青蒜苗10克。

● 调料

白胡椒粉1/2小匙，盐2小匙。

● 做法

1. 将丝瓜去皮、切片，鲤鱼肉切片，青蒜苗切小丁。
2. 将丝瓜、木耳放锅中，加适量水煮10分钟，放鱼片，再开锅放调料即可。

美丽心经

丝瓜搭配蛋白质和胶质丰富的鱼片，可以滋养肌肤，提高人体免疫力。

芦荟

性 微凉 | 味 苦 | 色 白 | 对应五脏 心肺

美丽功效

美容护肤，减肥，防治便秘，调节血糖。

营养成分

植物黏液质、芦荟大黄素、维生素C、B族维生素等。

适应人群

☑YES

肌肤及黏膜损伤者，溃疡、便秘、肥胖、糖尿病患者，对女性尤佳。

☒NO

体质虚弱、腹泻者及孕期、经期女性。

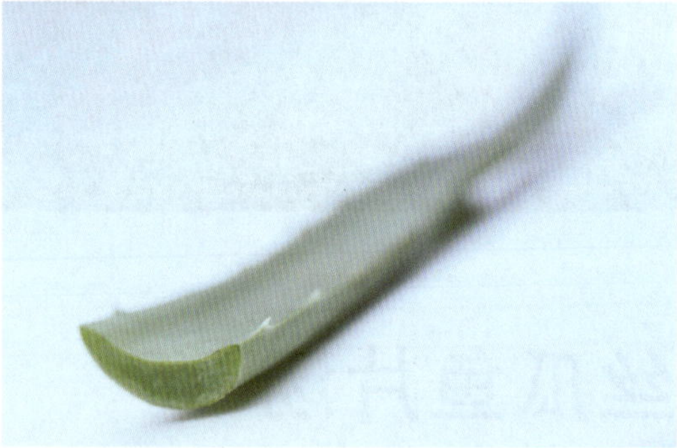

食材细说

芦荟是药食两用的材料，具有高效的美容护肤作用，许多市售的护肤品中都可以找到芦荟的踪迹。食用可以使肌肤美白细嫩，外用可以抗炎消肿，修复受损肌肤，对烧伤、烫伤、蚊虫叮咬都有疗效。对人体黏膜损伤也能起到一定的修复作用，有利于溃疡病患者。

芦荟所含的苦味物质具有缓泻作用，有助于通便，是便秘者的福星。芦荟还有调节血糖代谢、提高人体免疫力、减肥等作用，可以辅助治疗高血压、糖尿病等慢性病。

但芦荟会促进子宫运动，所以孕妇和经期女性最好不要食用。

芦荟也是一种观赏植物，自己在家种一盆，随取随用最方便。

烹调技巧

- 芦荟烹调前应先削去绿色的硬皮，取白色的芦荟肉，放入沸水中汆烫一下，即可去除苦味。
- 芦荟肉汁液丰富，榨汁饮用效果非常好。如果不喜欢它的口感，也可以搭配一些你喜欢的水果一起饮用。

芦荟海带绿豆汤

● 材料

芦荟100克，绿豆50克，海带丝30克。

● 调料

盐1小匙，鸡精1小匙。

● 做法

1. 将芦荟去皮、取肉，切小段。
2. 将绿豆洗净，放锅中，加适量水，中火煮20分钟，放入海带丝再煮10分钟。
3. 放入芦荟和调味料搅匀，再开锅即可。

美丽心经

芦荟养护肌肤，绿豆清热解毒，海带排毒通便。这道汤对于清火去油特别有效。

炼乳芦荟

● 材料

芦荟200克，炼乳20克，熟黑芝麻6克。

● 调料

白糖1小匙。

● 做法

1. 将芦荟洗净、去皮、切段，放碗中。
2. 加白糖、炼乳拌匀，撒上黑芝麻即可。

美丽心经

芦荟可以修护受损肌肤，炼乳滋润皮肤的效果很好，二者搭配，对肌肤干燥、粗糙、晒伤等问题均有缓解作用。

芹菜

性	味	色	对应五脏
微寒	辛	青	肝肺

食材细说

芹菜最大的功效就是降血压，是高血压患者的最佳食材，常食可以稳定血压、预防心血管疾病。

芹菜含铁量很高，可以帮助改善缺铁性贫血。丰富的膳食纤维能促进肠胃蠕动，促进排便，低热量也能起到减肥作用。特殊的挥发性芳香物质有助于镇静神经中枢，所以，芹菜又是安神助眠的佳品。

芹菜中含有丰富的维生素，如B族维生素、维生素C、维生素E等，能改善肤质、延缓衰老，对于美容润肤大有益处。

我们在日常饮食中，常只食用芹菜茎，而摘去芹菜叶，其实，芹菜叶中的胡萝卜素和维生素C的含量都远高于芹菜茎，千万别丢弃了好东西！

美丽功效

降低血压，安神助眠，补血润肤，排毒通便。

营养成分

胡萝卜素、B族维生素、维生素C、维生素E、叶酸、铁、钙、钾、膳食纤维等。

适应人群

☑YES

特别适合高血压、失眠、便秘、肌肤粗糙者食用。

☒NO

低血压及体质虚弱、容易腹泻者。

烹调技巧

- 芹菜中维生素含量丰富，烹调时不宜时间过长，最好旺火快炒，以免营养流失。如果煮汤，则最后放入即可，生食也无妨。
- 在烹调前，先将芹菜放入加少许盐的沸水中汆烫一下，可以让烹调后的芹菜保持挺直的外观、翠绿的色泽和香脆的口感。

芹菜鱿鱼卷

● 材料

芹菜200克，鱿鱼肉150克，水发木耳50克。

● 调料

植物油1大匙，葱花少许，盐1小匙，鸡精1小匙。

● 做法

1. 将鱿鱼肉剞花刀后切小段，用水焯成鱿鱼卷备用，将芹菜切段。
2. 锅中倒油烧热，下葱花煸香，放芹菜、木耳，翻炒2分钟，放鱿鱼卷、盐、鸡精炒匀即可出锅。

美丽心经

这道菜既有丰富的动物蛋白质，又有维生素、粗纤维和植物胶质，营养非常均衡。

芹菜炒牛柳

● 材料

芹菜200克，牛里脊150克。

● 调料

植物油2大匙，料酒1大匙，水淀粉1大匙，盐1小匙，白胡椒粉1/2小匙，葱花少许。

● 做法

1. 将芹菜洗净、切片，将牛里脊切粗条，加料酒、水淀粉抓匀，用水焯熟备用。
2. 锅中倒油烧热，下葱花煸香，放芹菜翻炒2分钟，放牛里脊、盐、白胡椒粉炒匀即可出锅。

美丽心经

芹菜可以缓解肉类的油腻感觉，荤素搭配合理。这道菜不仅可以给肌肤提供营养，补血效果也很好。

紫甘蓝

性	味	色	对应五脏
平	甘	黑	肾

食材细说

紫甘蓝是甘蓝菜的一种。其最大的好处是含有丰富的叶酸，有预防贫血的作用，孕妇多吃可以预防胎儿神经管畸形。所含的B族维生素和维生素C有美化肌肤的作用。

使紫甘蓝呈现出紫色的物质是花青素，这是一种强力抗氧化剂，有防衰老、抗氧化、预防癌症、提高人体免疫力等功效，也使紫甘蓝比普通的甘蓝菜具有更加突出的抗癌效果。

紫甘蓝中含有的一些有效成分可以加速创面愈合，对溃疡病有一定的疗效，并可以促进消化，防治便秘。

紫甘蓝对女性来说是一种重要的美容食品，也是溃疡病、糖尿病患者和肥胖者的理想食物。

美丽功效

预防贫血，美化肌肤，防衰老，抗氧化。

营养成分

糖类、B族维生素、维生素C、叶酸、膳食纤维等。

适应人群

☑YES

孕妇，溃疡病、糖尿病患者，贫血、肥胖者尤其适合食用。

☒NO

脾胃虚寒、易腹泻者不要过量食用。

烹调技巧

- 紫甘蓝的水溶性维生素较多，如果水煮时间太长，会造成营养流失，所以最好凉拌生吃或快炒食用。
- 紫甘蓝的叶子大，而且呈自然的包裹状，很适合放入荤素馅料，做成菜卷蒸熟食用。在菜叶上撒少许淀粉，可以使菜叶和馅料粘合得更紧密，外观更漂亮。

沙司拌紫甘蓝

● 材料

紫甘蓝150克。

● 调料

沙司酱1大匙。

● 做法

1. 将紫甘蓝洗净、切丝。
2. 将紫甘蓝丝与沙司酱拌匀即可。

美丽心经

紫甘蓝生吃口感非常脆爽，而且维生素C等营养成分也不易流失，是很好的选择。

紫甘蓝炒香菇

● 材料

紫甘蓝250克，香菇50克，葱花少许。

● 调料

植物油1大匙，白糖1小匙，盐2小匙，鸡精1小匙，香油1小匙。

● 做法

1. 将紫甘蓝洗净、切片，香菇切片。
2. 锅中倒油烧热，下葱花煸香，放香菇略炒，放紫甘蓝，快速翻炒2分钟，加白糖、盐、鸡精调味，淋香油出锅。

美丽心经

香菇也是著名的黑色食品，有防治肿瘤、提高人体免疫力的功效，与同属黑色的紫甘蓝搭配，效果更明显。

山 药

美丽功效

补虚，止泻，减肥，增强免疫力，延缓衰老。

营养成分

蛋白质、糖类、B族维生素、维生素C、维生素K、钾、钙等。

适应人群

☑YES

适合病后体质虚弱者，对肥胖、血脂高、腹泻者及更年期女性有益。

☒NO

容易腹胀、便秘者不宜食用。

性：平
味：甘
色：白
对应五脏：肺

食材细说

山药自古就是补虚佳品，干制的山药又称为“淮山”，是一味中药材。

山药的功效来自于它所含的黏蛋白、淀粉酶、皂苷、黏液多糖物质和丰富的矿物质，这些成分具有预防心血管疾病、改善虚弱体质、美白肌肤的作用。

山药含有一种促进人体雌激素合成的物质，中老年女性食用，可以改善更年期的各种不适症状。

常吃山药还可以帮助消化，增强人体免疫力，延缓细胞老化，有延年益寿的作用。山药的脂肪含量几乎为零，因此，又是减肥的最佳食品。

山药有一定的收敛作用，可以止泻，适合腹泻者食用，但对便秘者来说，不是好的选择。

烹调技巧

- 山药富含黏液，削皮切制时如果沾在手上，容易引起手部皮肤的刺痒过敏，戴上一层薄薄的塑料手套再操作，就可以避免了。千万不要试图将黏液洗净，这样，营养物质也随之流失了。
- 山药可以凉拌、快炒、煮汤或做成山药泥，烹调方法很多，但应注意烹调时间不可太长。如果煮汤的话，最后放入即可，否则，不仅营养打折扣，其爽脆的口感也会消失殆尽。

桂花山药

● 材 料

山药200克。

● 调 料

桂花酱2大匙。

● 做 法

1. 将山药洗净，上蒸锅蒸20分钟，取出晾凉备用。
2. 将蒸好的山药去皮，切长条后码盘，浇上桂花酱，食用时拌匀即可。

美丽心经

山药可以养颜润肤、延缓衰老，桂花有净化身心、排毒解郁的作用。经常食用，可以轻身、抗衰老。

山药猪肚汤

● 材 料

淮山药200克，熟猪肚250克，姜片3片，香葱20克。

● 调 料

料酒1大匙，盐2小匙，鸡精1小匙。

● 做 法

1. 将熟猪肚切块，淮山药去皮、切块，香葱切小段。
2. 将猪肚块、山药块放锅中，加适量水烧开，撇去浮沫，加料酒、姜片，炖煮20分钟，放盐、鸡精调味即可。

美丽心经

山药温胃补肺，猪肚健脾胃。这道汤可以改善食欲不振、身体虚弱的状态。

百合

性	味	色	对应五脏
凉	甘	白	肺

食材细说

百合也是药食两用的材料，是润肺的佳品，对于有支气管疾病的人特别有益。尤其是秋季，百合可以解除秋燥，润肺止咳。传统的“百合莲子银耳汤”三种白色食材同用，润肺补气的功效更加显著。

常食百合还有滋养补虚和美白肌肤的作用，病后体虚及神经衰弱、失眠心烦、肌肤粗燥暗沉的人应多多食用。

除此之外，百合抑制肿瘤的作用也越来越为人们所重视。据临床研究发现，百合可以有效抑制肿瘤细胞生长，对于防治白血病、肺癌、鼻咽癌有一定的辅助作用。

美丽功效

润肺止咳，安神除烦，滋养补虚，美白肌肤，抗肿瘤。

营养成分

糖类、钙、钾、锌、硒、维生素C、生物素、叶酸等。

适应人群

☑YES

尤其适合病后体虚、肺燥咳嗽、神经衰弱、失眠心烦者。

☒NO

因风寒引起的咳嗽不宜用百合，容易腹泻者也不要多食。

烹调技巧

- 百合有鲜品、有干品，鲜品可以直接使用，而干品需要事先用水泡发（约2小时）后再使用。从口感上讲，鲜品口感更好。如果熬粥，干品也没问题。
- 百合经常用来熬粥和炒菜，也经常用来制作甜品和点心。用百合熬粥时不妨加些冰糖，润肺的效果会更好。

百合炒银杏果

● 材料

鲜百合60克，银杏果60克。

● 调料

植物油1大匙，白胡椒粉1/2小匙，盐1小匙，鸡精1小匙，香油1小匙。

● 做法

1. 将银杏果用水焯熟备用，鲜百合摘成小瓣、洗净。
2. 锅中放油烧热，放入百合、银杏果快速翻炒，加白胡椒粉、盐、鸡精调味，淋香油即可出锅。

美丽心经

银杏果又叫白果，与百合都是润肺止咳的食材。这道菜秋季食用，对润秋燥特别有益。

百合炒芹菜

● 材料

芹菜200克，鲜百合60克，葱花少许。

● 调料

植物油1大匙，白糖1小匙，鸡精1小匙，盐1小匙。

● 做法

1. 将芹菜洗净、切片，鲜百合洗净、摘成小瓣。
2. 锅中放油烧热，下葱花炒香，放入百合、芹菜快速翻炒2分钟，加白糖、盐、鸡精调味即可出锅。

美丽心经

芹菜与百合都有润肤的功效，所以这道菜又是一道经典的美容瘦身菜。

花椰菜

性	味	色	对应五脏
平	甘	青白	肝肺

食材细说

花椰菜分白色和绿色两种。白色的又叫花菜或菜花，绿色的也叫西兰花、青花菜。两种花椰菜的功效相似，绿色的花椰菜胡萝卜素和花青素含量比白色的高一些，营养价值也更高一些。

常吃花椰菜可以美化肌肤、消除色斑、抗衰老、消除疲劳、美体瘦身，是美容食品之一。

花椰菜有润肺止咳、强化肝脏功能的作用，丰富的膳食纤维可以帮助通便。花椰菜抗肿瘤效果也很好，特别是对乳腺癌、大肠癌、胃癌有一定的防治作用。

花椰菜是含类黄酮最多的食物之一，可以起到清理血管、降低胆固醇的作用，从而减少心血管病的发病率。

美丽功效

美容养颜，润肺止咳，排毒通便，预防衰老、肿瘤及心血管病。

营养成分

蛋白质、B族维生素、维生素C、维生素K、胡萝卜素、膳食纤维、铁、钙、钾、硒等。

适应人群

☑YES

适合爱美女性食用，肥胖、便秘者宜多食。

☒NO

易腹泻者少食。

烹调技巧

- 花椰菜梗通常比较粗硬，很多人都把它切掉不吃，其实菜梗中的营养比花蕾还要丰富，所以，尽量保留菜梗才是健康的饮食方法。
- 在烹调之前，一般要将花椰菜在沸水中汆烫一下，然后再旺火快炒，这样，花椰菜的营养不易流失，抗癌功效也能充分发挥。

虾仁炒菜花

● 材料

菜花300克，虾仁100克，红椒50克，鸡蛋清适量。

● 调料

植物油2大匙，盐2小匙，鸡精1小匙。

● 做法

1. 将菜花摘成小朵、洗净，焯水备用，红椒切块，虾仁用蛋清抓匀。
2. 锅中放油烧热，将虾仁炒至白色，放菜花、红椒快速翻炒，加盐、鸡精调味即可出锅。

美丽小经

菜花有美化肌肤的功效，搭配富含蛋白质的虾仁，给肌肤补充更多营养。

奶香花椰菜

● 材料

西兰花100克，菜花100克，酸奶100克。

● 调料

白醋1大匙，白糖1小匙，盐1小匙。

● 做法

1. 将西兰花、菜花洗净、摘成小朵，用水焯熟后过凉，沥水，装盘。
2. 放白醋、白糖、盐、酸奶拌匀即可。

美丽小经

两种菜花与酸奶一起烹调，不仅美容作用加倍，涩味也完全消除了，口感更爽滑。

冬 瓜

美丽功效

清热祛暑，利尿消肿，美容减肥，润肺止咳。

营养成分

B族维生素、维生素C、维生素K、钾、钙、磷、膳食纤维等。

适应人群

☑YES

水肿、肥胖、肌肤不佳者及高血压、糖尿病患者尤其适合食用冬瓜。

☒NO

身体瘦弱及胃寒体虚者少食，肾病患者不可食用过量。

性	味	色	对应五脏
微凉	甘	白	肺

食材细说

冬瓜有清热祛暑、消肿利尿的功效，对于各种原因引起的水肿都有一定的缓解作用。本身又不含脂肪，是水肿型肥胖者的最佳消肿减肥食品。

冬瓜也是传统的美容食品，常食可使肌肤美白水嫩、润泽光滑、淡化色斑。除了食用外，冬瓜用来做居家自制面膜，同样能起到滋养护肤的作用。

冬瓜含有多种维生素和矿物质，能调节人体的代谢平衡，对于高血压、糖尿病患者尤为适宜。冬瓜含水量丰富，还具有润肺止咳、生津止渴、养胃清火的作用。

烹调技巧

- 冬瓜利尿作用强，适合与其他食材一起煮汤，功效更加显著。
- 冬瓜皮是一味药材，有美白祛湿的功效。烹调时只要洗净冬瓜即可，不必削去冬瓜皮。
- 冬瓜与海产品一起烹调，既可以提味，又可以增加蛋白质的摄入量，使营养更均衡。

冬瓜烧肉

● 材料

冬瓜300克，猪里脊150克，水发木耳50克，姜丝、葱花各少许。

● 调料

植物油2大匙，酱油2小匙，白糖1小匙，水淀粉1大匙，鸡精1小匙，盐2小匙，香油1小匙。

● 做法

1. 将冬瓜去皮、瓤，切块，将猪里脊切片，加酱油和水淀粉抓匀，用油滑熟备用。
2. 锅中放油烧热，放姜丝、葱花炒香，放冬瓜、木耳、酱油、白糖和适量水，中火焖烧10分钟，放猪里脊、盐，大火收汁，淋香油后出锅。

美丽心经

冬瓜与肉类一起烹调，可以化解油腻，帮助消化，是非常适宜的搭配。

鸭汤冬瓜球

● 材料

冬瓜200克，鸭胸肉200克，大葱50克，姜20克，香菜10克。

● 调料

料酒1大匙，白醋1大匙，白糖1小匙，白胡椒粉1小匙，盐2小匙。

● 做法

1. 将冬瓜去皮、瓤，用挖球器挖取冬瓜球，将葱、香菜洗净、切段，姜切片。
2. 将鸭胸肉洗净切块后放入锅中，加适量水烧开，撇去浮沫，放葱段、姜片、料酒、白醋、白糖，小火炖煮1小时，捡出葱、姜，放入冬瓜球，再炖10分钟，放白胡椒粉、盐和香菜即可。

美丽心经

鸭肉性较凉，与冬瓜一起煮汤，可以清火去湿，有凉补的作用。

番茄

性	味	色	对应五脏
微寒	甘	红	心

食材细说

番茄又叫西红柿，也是美容的好食材。番茄红素是一种强力抗氧化剂，可以保持血管和肌肤的年轻状态，延缓衰老。多吃番茄对保护心血管非常有益，血液畅通洁净，肌肤自然光泽透亮。再加上番茄中丰富的维生素，使之润肤美白的功效非常显著。

番茄也是抗癌食品中的明星，对预防乳腺癌、肺癌、大肠癌等都有一定的作用。此外，番茄还有健胃消食、凉血平肝、清热解毒等作用。

番茄分大番茄和小番茄两种。小番茄也叫圣女果，一般生食较多，功效比大番茄稍差一些。

美丽功效

美容养颜，美白肌肤，保护心血管，预防癌症。

营养成分

番茄红素、类胡萝卜素、维生素A、B族维生素、维生素C、维生素P、铁、钾等。

适应人群

☑YES

适合女性食用，对心血管疾病患者、肌肤粗糙者及肿瘤患者有益。

☒NO

胃寒及胃酸者应尽量少食。

烹调技巧

- 生吃番茄可以摄取丰富的维生素C，而维生素C是水溶性维生素，且遇热分解，所以番茄不要长时间烹调，以免营养损失殆尽。
- 番茄红素是脂溶性维生素，只有将番茄经过油炒或与含油脂的食物共同烹调，其中的最重要成分——番茄红素才能被人体充分吸收。

番茄咕噜肉

● 材料

番茄150克，猪五花肉200克，鸡蛋1个，面粉50克，葱花少许。

● 调料

植物油3大匙，白糖2大匙，水淀粉1大匙，盐2小匙，鸡精1小匙，香油1小匙。

● 做法

1. 将猪五花肉切厚片，番茄切块，鸡蛋和面粉加水制成面糊。
2. 将肉片裹匀面糊，下油锅炸酥备用。
3. 锅中放油烧热，下葱花炒香，放番茄、白糖翻炒至出汁，放入炸好的肉片炒匀，加盐、鸡精调味，勾芡，淋香油出锅。

美丽心经

番茄搭配肉食，可以促进血液循环，提高身体免疫力，番茄天然的酸甜味道还是肉类最好的调味剂。

番茄烧豆腐

● 材料

番茄150克，北豆腐200克，冬笋30克，水发木耳50克，葱花少许。

● 调料

植物油3大匙，酱油1大匙，白糖1大匙，盐2小匙，鸡精1小匙。

● 做法

1. 将北豆腐切块，下油锅炸成豆泡，番茄切块，冬笋切片。
2. 锅中放油烧热，将葱花煸香，放入豆泡、木耳、冬笋，加酱油、白糖和适量水，中火烧煮10分钟，放番茄，大火收浓汁，加盐、鸡精调味即可。

美丽心经

番茄与豆制品都有防氧化、抗衰老的作用，对于女性尤其有好处。

甘薯

性	味	色	对应五脏
平	甜	黄	脾

食材细说

甘薯是一个标准的学名，如果说起红薯、地瓜或山芋，大家可能就觉得熟悉多了，其实它们是同一种食物。

甘薯味道甜美，营养丰富，而且容易消化吸收，常作为主食。甘薯含有一种类似雌激素的类固醇，有润泽肌肤、延缓衰老、抑制乳腺癌的功效，对女性健康十分有益。

甘薯还含有丰富的粗纤维，有很强的通便作用，能有效预防大肠癌。虽然甘薯含糖分不低，但其粗纤维可以阻止糖分转化为脂肪，增加饱腹感，而且热量远远低于大米，所以甘薯也是减肥的好材料。

甘薯一次不宜吃太多，否则容易产生胃酸，出现恶心、吐酸水、胀肚、排气的不良反应。

美丽功效

护肤，抗癌，通便，减肥。

营养成分

糖分、蛋白质、膳食纤维、类胡萝卜素、维生素A、B族维生素、维生素C、钙、钾等。

适应人群

☑YES

一般人均适合，便秘者尤其适合。

☒NO

胃溃疡、胃酸过多者及易腹胀的人。

烹调技巧

- 生食甘薯不容易消化，最好经过较长时间的蒸、煮、烤再食用，这样其含有的消化酶抑制剂会被高温分解，也就不会出现胃部不适症状。
- 像甘薯、芋头这样淀粉含量高的根茎类食材非常适合做拔丝类的菜肴，比如拔丝红薯。

茄汁甘薯

● 材料

甘薯250克，番茄酱50克。

● 调料

植物油3大匙，白糖1大匙，水淀粉1小匙，鸡精1小匙，盐2小匙。

● 做法

1. 将甘薯洗净、去皮，切成滚刀块。
2. 锅中放油烧热，将甘薯块中火炸至金黄色，捞出沥油。
3. 锅中放少许水，加番茄酱、白糖炒至汁浓稠，用盐、鸡精调味，放入甘薯块，勾匀芡汁即可出锅。

美丽心经

红心的甘薯含糖量更高，非常香甜，搭配酸味的番茄汁，口感更好。

甘薯糯米粥

● 材料

甘薯200克，糯米150克。

● 调料

白糖适量。

● 做法

1. 将甘薯洗净、去皮，切成滚刀块。
2. 将糯米洗净后放锅中，加适量水烧开，撇去浮沫，改中火煮20分钟，放入甘薯块，再煮15分钟，至粥黏稠即可。
3. 食用时可加适量白糖。

美丽心经

甘薯是粗纤维丰富的食材，在精米中添加粗粮可以改善体质、促进健康。

莲藕

性	味	色	对应五脏
微凉	甘	白	脾肺

食材细说

莲藕也是一种根茎类蔬菜，口感脆爽，生熟皆宜，是药用价值非常高的食材，体弱多病者可以常吃莲藕来滋补身体。

莲藕富含黏蛋白，可以促进脂肪和蛋白质的消化，具有健胃的功能。

莲藕含铁量高，有补血作用，所含的单宁酸具有收缩血管和止血的作用，可以活血化淤，有“活血而不破血，止血而不滞血”之说。

润肺是莲藕的另一大功效，尤其是秋燥时节，多吃莲藕可以去燥止咳。而润肺的效果还会反映在肌肤上，所以，莲藕也是美容养颜的好材料。

生吃莲藕有清热祛暑、除烦解渴、止血健胃的作用。熟吃莲藕可以补心生血、健脾开胃。莲藕煮汤可以清热润肺、活血利尿。

美丽功效

健胃，补血，止血，润肺，养颜。

营养成分

蛋白质、糖类、维生素C、维生素E、维生素K、铁、钾等。

适应人群

☑YES

一般人均适合，尤其对缺铁性贫血、肌肤粗糙、肺燥咳嗽者有益。

☒NO

寒性体质者、容易腹泻者应少吃生莲藕。

烹调技巧

- 莲藕在烹调时非常容易发黑，影响美观，这是用铁锅烹调造成的，换用不锈钢的锅或砂锅即可以避免。
- 泡莲藕的时候不妨加些醋，这样可以使莲藕的口感更脆爽，颜色更洁白，促进消化的效果也更好。

蜜汁糯米藕

● 材料

莲藕1节，糯米150克，桂花少许。

● 调料

蜂蜜2大匙。

● 做法

1. 将糯米洗净，用水浸泡6小时以上。
2. 将莲藕洗净，选大头的一端切开一小段，冲净内心，把糯米灌满藕孔，盖严大头的一端，用牙签扎牢。
3. 将灌好糯米的藕放入蒸锅，大火蒸40分钟，取出晾凉，切片后码盘，撒上桂花，淋匀蜂蜜即成。

美丽心经

莲藕搭配糯米、桂花可以起到清热祛暑、帮助消化、排毒润肤的作用。

姜拌莲藕

● 材料

莲藕200克，胡萝卜100克，鲜姜20克。

● 调料

白醋1大匙，白糖1大匙，盐2小匙，香油1大匙。

● 做法

1. 将莲藕、胡萝卜洗净、切丁，用水焯熟后过凉，沥水，装盘。
2. 将鲜姜洗净、切片，也装盘，放入调料拌匀即可。

美丽心经

生姜可以促进血液循环、活血化淤、止呕吐，也可以缓和莲藕的凉性。

清炖莲藕排骨

● 材 料

莲藕200克，猪排骨250克，大葱30克，老姜20克。

● 调 料

料酒2大匙，白糖1大匙，盐2小匙。

● 做 法

1. 将猪排骨切小段，焯水备用，将莲藕洗净、切片，大葱切段，老姜切片。
2. 将锅中放水烧开，放入猪排骨段、葱段、姜片、料酒、白糖，小火炖煮1小时。
3. 拣出葱段、姜片，放入莲藕片、盐，再煮10分钟即可。

美丽心经

这是一道经典的美食，也是具有美容功效的菜肴。莲藕可以化解肉食的油腻，还可以起到活血、润肺的作用，肉类可以提供优质蛋白，给肌肤提供营养。

Chapter 5

水果类

猕猴桃

性	味	色	对应五脏
微寒	酸	青	肝

食材细说

猕猴桃原产于我国，后被新西兰引进种植，再返回国内时就变成了奇异果，其实是同一品种。

猕猴桃被称为“维C之王”，维生素C的含量居水果之冠。维生素C是护肤、美白、祛斑的重要物质，而且，维生素C对于保护心血管和抗癌、防衰老均有显著作用。

常吃猕猴桃可以增强肝功能，有利于排毒。其酸味能促进消化功能，增进食欲，而膳食纤维可帮助通便，缓解便秘。

猕猴桃性微寒，脾胃功能较弱的人不要食用过多，以防出现腹痛、腹泻等问题。

美丽功效

美白祛斑，抗老防癌，排毒通便。

营养成分

维生素C、膳食纤维、维生素A、生物素、胡萝卜素、叶酸、钾等。

适应人群

☑YES

特别适合肌肤粗糙、便秘者食用。

☒NO

脾胃功能不佳者应少食。

巧妙用法

- 除了食用以外，猕猴桃还适合做面膜外用。由于它富含维生素C，直接渗透入肌肤中，美白祛斑的作用十分明显。制作面膜的方法如下：先将猕猴桃洗净去皮，用擦泥碗或石杵捣成泥，直接抹在洗净的脸上，敷15～20分钟再洗去即可。

猕猴桃沙拉

● 材料

猕猴桃200克，香蕉100克，菠萝100克。

● 调料

沙拉酱。

● 做法

1. 将猕猴桃去皮、切片，菠萝去皮、切块，香蕉去皮、切小段。
2. 将处理好的材料都放入碗中，加入沙拉酱拌匀即可。

美丽心经

多种水果混合食用，不仅热量足够，维生素也是大丰收呢！

红番猕猴桃

● 材料

猕猴桃200克，圣女果100克。

● 调料

冰糖1大匙。

● 做法

1. 将猕猴桃去皮、洗净、切块，圣女果洗净，切两半儿，冰糖压碎。
2. 将处理好的材料放入碗中，撒上碎冰糖，拌匀即可。

美丽心经

猕猴桃和小圣女果都是维生素C含量极为丰富的水果，而维生素C是养护肌肤的重要物质。

木瓜

性	味	色	对应五脏
平	甘	黄	脾

食材细说

木瓜不仅肉质细腻，甜美可口，而且营养价值非常高。尤其对于女性来说，木瓜有美容养颜、丰胸减肥的效果，因此特别受欢迎。木瓜含丰富的维生素C，可以柔嫩肌肤、淡化皱纹、红润气色。木瓜酶能促进乳腺发育，起到丰胸效果，乳汁不足的产妇喝些木瓜汤，还可以促进乳汁分泌。

木瓜中含有一种木瓜酶，能起到促进消化、健胃消食、分解脂肪的作用，所以，木瓜也是减肥者的最佳食品之一。

木瓜中的番木瓜碱有小毒，一次食用不要过量，过敏体质者尤其要小心。此外，木瓜会引起子宫收缩，孕妇最好不要食用。

美丽功效

健胃消食，美容减肥，丰胸通乳。

营养成分

糖类、维生素C、类胡萝卜素、钠、钾、钙等。

适应人群

☑YES

消化不良、肌肤粗糙、肥胖、产后少乳者最宜食用。

☒NO

过敏体质者及孕妇不宜食用。

巧妙用法

- 木瓜适合与肉类一起炖汤食用，这样不仅可以促进肉类蛋白质的吸收，还可以有效分解脂肪，缓和肉类的油腻感。
- 木瓜打成汁饮用，芳香甜美，口感非常诱人，补充维生素C的效果也最好。
- 木瓜也是自制面膜的好材料，它非常容易捣成泥状，搭配一些蜂蜜、牛奶，美容效果更好。

木瓜银耳羹

● 材 料

木瓜200克，水发银耳50克。

● 调 料

冰糖1大匙。

● 做 法

1. 将木瓜去皮、瓤，切成块。
2. 将银耳洗净后放入锅中，加适量水煮20分钟，放入木瓜、冰糖再煮5分钟即可。

美丽心经

木瓜健胃消食、美化肌肤、丰胸减肥，银耳养阴润肺、促进排毒、胶质丰富。这道羹是美容丰胸的最佳选择。

木瓜炒鸡丁

● 材 料

木瓜200克，鸡胸肉150克，豌豆50克。

● 调 料

植物油2大匙，料酒1小匙，水淀粉1小匙，盐2小匙，鸡精1小匙。

● 做 法

1. 将木瓜去皮、去瓤、切块，鸡胸肉洗净、切丁，用料酒、水淀粉抓匀。
2. 锅中倒油烧热，将鸡丁炒至白色，放木瓜、豌豆，大火快速翻炒1分钟，加盐、鸡精调味即可出锅。

美丽心经

鸡肉含丰富的蛋白质，木瓜和肉类搭配有助于消化、吸收。

苹果

性	味	色	对应五脏
微凉	甘	白	脾肺

食材细说

苹果是天然的美容瘦身食材。它含有丰富的果酸和维生素，能够维持肌肤弹性、预防皱纹产生。苹果可以促进消化、调整肠胃功能，更为神奇的是，它不仅可以帮助便秘者通便，在腹泻时还能起到止泻作用。大量的纤维素能增加饱腹感，从而达到节食减肥的目的。

苹果还是“健康之果”，它是心血管的保护神，对于降低胆固醇、清理血管、稳定血压都有很好的效果。

苹果又被称为“排毒之果”，不单单是排解身体的毒素，它怡人的香气也是消除疲劳、缓解抑郁情绪的良药，所以在一定程度上也能排解心灵之毒。

美丽功效

排毒养颜，通便止泻，保护心血管，消除抑郁。

营养成分

糖类、果酸、胡萝卜素、维生素C、钙、钾、镁、膳食纤维等。

适应人群

☑YES

肌肤粗糙油腻、肥胖、高血压、高血脂、便秘、腹泻者尤其适合食用。

☒NO

糖尿病患者不可大量食用。

巧妙用法

- 苹果打成汁饮用，气味芬芳，口感香甜，营养丰富，是常葆健康美丽的聪明之选。

- 除了食用，苹果也是可以外用的美容材料。将苹果切成片，敷在眼睛上15分钟，可以有效缓解眼袋和黑眼圈等问题。将苹果捣成泥，搭配适量牛奶或蜂蜜搅匀，敷在脸上15分钟，可以起到洁净去油、美白肌肤、祛除斑点、延缓皮肤老化和松弛的作用，是方便、高效的居家自制面膜。

苹果炒鸡丁

● 材料

苹果1个，鸡胸肉150克，胡萝卜50克。

● 调料

植物油2大匙，料酒1小匙，水淀粉1大匙，盐2小匙，鸡精1小匙。

● 做法

1. 将苹果去皮、去核、切丁，胡萝卜去皮、切丁，鸡胸肉洗净、切丁，用料酒、水淀粉抓匀。
2. 锅中倒油烧热，将鸡丁炒至白色，放苹果、胡萝卜，大火快速翻炒1分钟，加盐、鸡精调味，勾匀芡即可出锅。

美丽心经

苹果与肉类搭配口感酸甜。这道菜营养丰富，是搭配合理的保健菜。

糖卷苹果

● 材料

苹果300克，面粉100克。

● 调料

植物油3大匙，白糖3大匙。

● 做法

1. 将苹果去皮、去核、切块，将面粉加水和成面糊。
2. 锅中倒油烧热，将苹果一块一块地蘸面糊后下油锅，炸至金黄色，捞出沥油。
3. 锅中放白糖，加适量水，中火熬至起大泡，放入炸好的苹果翻炒至起白霜出锅。

美丽心经

苹果被面糊包裹，油炸后营养也不会流失，还能保持脆脆的口感，此甜品深受女士喜爱。

梨

性	味	色	对应五脏
寒凉	甘	白	肺

食材细说

梨的含水量非常丰富，又有“天然矿泉水”之称，是清心润肺的佳品。

从美容角度讲，梨可以调节肌肤的水油平衡，即干燥时补水，油腻时控油，可以常保肌肤的水润洁净，缓解秋燥引起的脱皮、干裂、瘙痒等症状。从药效角度讲，梨可以辅助治疗上呼吸道感染等疾病，润肺止咳，消肿利咽，对于口鼻出血、口腔溃疡、口角发炎等都有一定的缓解作用。

梨含有大量的钾，有很好的利尿作用，丰富的果胶等纤维素可以促进排便。但是，梨比较寒凉，脾胃寒凉的人要小心食用。

美丽功效

补水养颜，化解秋燥，清心润肺，止咳化痰，利尿通便。

营养成分

糖类、钾、磷、镁、钙、硒、维生素E、叶酸、膳食纤维等。

适应人群

☑YES

肤质不佳、秋燥咳嗽、上火咽干、发烧感冒、便秘者尤其适合。

☒NO

糖尿病患者、寒性体质者、脾胃虚寒容易腹泻者少食。

巧妙用法

- 虚寒体质的人吃梨最好不要生吃，而要搭配冰糖或蜂蜜切块煮水后再吃，这样可以去除梨的寒凉属性，又不影响它的疗效。
- 梨也是自制面膜的好材料。将梨捣成泥，搭配适量蜂蜜，敷在脸上15分钟，可以起到去油解腻、补水美白、祛除斑点的作用。

雪梨香芹

● 材料

雪梨1个，香芹150克，熟白芝麻少许。

● 调料

辣椒油1大匙，醋1小匙，盐1小匙，鸡精1小匙。

● 做法

1. 将香芹洗净、切小段，焯熟，沥水。
2. 将雪梨去皮、去核、切丝，与香芹一起装盘，放入调料拌匀，撒上白芝麻即可。

美丽心经

芹菜可以降压、通便，梨能润肺、利尿。常食这道菜可以改善高血压、肌肤粗糙干燥、水肿等问题。

山楂糕拌梨丝

● 材料

梨200克，山楂糕100克。

● 调料

蜂蜜2大匙。

● 做法

1. 将梨去皮、去核、切丝，山楂糕切丝。
2. 将梨丝、山楂糕丝放入盘中，淋入蜂蜜拌匀即可。

美丽心经

山楂是促进消化、消脂减肥的佳品，搭配梨丝食用，可以起到补水养颜、活血瘦身的作用。

桃

性 温

味 甘

色 白

对应五脏 肺

食材细说

桃有补益气血、养阴生津的作用，特别适合气血虚弱、面色苍白或萎黄、瘦弱无力的人食用。桃含铁量较高，也是补血活血的佳品，此外，还含有多种维生素和果酸、钙、磷、钾等成分，常食可以使面色红润，美容养颜，也能起到利尿消肿的作用。

俗话说“鲜桃养人”，我国自古就有“寿桃”、“仙桃”之说，“老寿星”的手里总是捧着桃，可见，桃是延年益寿的象征。但桃的含糖量较高，糖尿病患者少食为妙。

美丽功效

补血活血，改善气色，利尿消肿。

营养成分

糖类、铁、钙、磷、钾、膳食纤维、果酸等。

适应人群

☑YES

身体虚弱、气色不佳者尤其适合食用。

☒NO

糖尿病患者、胃肠功能不佳者、肾病患者应慎食。

巧妙用法

- 桃最适宜榨汁饮用，不仅味道甘甜，而且汁液丰富，生津止渴，营养也特别丰富。
- 将未成熟的小桃干与茶叶一同浸泡饮用，可以辅助治疗阴虚盗汗和咳血症状。
- 用煎煮桃叶的水来清洗阴部，可以辅助治疗女性阴道滴虫病。

蜜桃豆浆饮

● 材料

水蜜桃1个，豆浆150克，牛奶100克。

● 调料

蜂蜜1大匙。

● 做法

1. 将水蜜桃去皮、去核，取桃肉放入搅拌机中，倒入豆浆、牛奶，打成稀糊状。
2. 将蜜桃豆奶糊倒入杯中，加入蜂蜜拌匀即可饮用。

美丽心经

桃的汁液丰富而且甘甜，非常适合榨汁，与乳制品、豆制品合用，乳香、豆香配果香，好吃又营养。

桃香银耳羹

● 材料

桃100克，水发银耳50克。

● 调料

冰糖1大匙。

● 做法

1. 将桃洗净、切小丁。
2. 将银耳洗净，放入锅中，加适量水和冰糖，小火煮至黏稠，放桃丁，再开锅即可。

美丽心经

桃补血养颜，银耳润肺排毒，二者合用，自然是美容的最佳选择。

香 蕉

性	味	色	对应五脏
微寒	甘	白	脾肺

食材细说

香蕉也是美容食材之一。在护肤方面，香蕉可以起到防治肌肤皲裂、预防皱纹产生的作用，常吃可保持肌肤的细嫩光泽。在瘦身方面，香蕉含丰富的纤维素，排毒通便、清理肠道的功能很强，所以又是便秘和减肥者的最爱。

香蕉还有润肺止咳、帮助消化、降低血压、保护心血管的作用。此外，香蕉含有一种特殊的氨基酸，能有效地帮助人们减轻心理压力、消除抑郁情绪，所以又有“快乐水果”之称。

需要注意的是，香蕉含钾量很高，肾功能不佳者不宜多吃。

美丽功效

润肤除皱，排毒通便，保护肠胃，减肥降压，消除抑郁。

营养成分

糖类、胡萝卜素、叶酸、铁、钙、钾、镁、膳食纤维等。

适应人群

☑YES

一般人均适合，尤其是肌肤干裂、便秘者经常食用十分有益。

☒NO

容易腹泻者及肾功能不佳者少食为妙。

巧妙用法

- 香蕉皮含有杀菌成分，如果你的肌肤有真菌或细菌感染的状况，不妨用香蕉皮涂抹患处，会收到意想不到的效果！
- 香蕉可以用来制作面膜。把香蕉捣成泥，搭配适量蜂蜜，敷在脸上15分钟，可以有效缓解肌肤粗糙、脱皮、干裂的现象，抚平细小的皱纹，美容效果十分出众。

软炸香蕉卷

● 材料

香蕉200克，面粉50克，鸡蛋1个。

● 调料

植物油3大匙，草莓酱2大匙。

● 做法

1. 将香蕉去皮、切成大段，把面粉与鸡蛋和成糊。
2. 锅中倒入油，中火烧热，把香蕉段一个一个蘸面糊后下油锅炸至金黄色。
3. 把炸好的香蕉码盘，浇上草莓酱即可。

美丽心经

香蕉性微寒，但是经过油炸后，去除了寒性，就不会影响肠胃了。

香蕉奶昔

● 材料

香蕉150克，酸奶150克。

● 做法

将香蕉去皮、切段，放入搅拌机，倒入酸奶，搅打成糊状即可。

美丽心经

香蕉有预防肌肤干燥起皱的作用，牛奶也可以滋养润白肌肤，一起食用，效果更是锦上添花。

橙子

性	味	色	对应五脏
微凉	酸	黄	肝胃

食材细说

橙子含有丰富的维生素C，对于美白肌肤、淡化色素及斑点有非常好的作用。橙子的汁液丰富，口味酸甜，饭后饮用有利于消化食物，解除油腻，但空腹饮用容易刺激胃黏膜，应尽量避免。

常吃橙子还可以预防心血管疾病和流行性感冒，抗老防癌。除此之外，橙子独特的挥发性气味有助于缓解精神紧张、放松心情，深受人们喜爱。

橙子虽好，但也不可过量食用，否则容易出现全身皮肤发黄的问题，也就是柑橘类水果中毒现象，又叫胡萝卜素血症。一般无需治疗，停止食用这类水果，症状也就自然消失了。

美丽功效

美白祛斑，促进消化，预防心血管病，防感冒，缓解精神紧张。

营养成分

糖类、维生素C、胡萝卜素、维生素P、叶酸、钙、钾、柠檬酸、膳食纤维等。

适应人群

☑YES

肌肤粗糙暗沉、易感冒、饮食油腻者特别适合食用。

☒NO

胃酸及脾胃虚弱者应少食。

巧妙用法

- 橙子皮与橘子皮（陈皮）类似，都可以晒干后泡水饮用。对于咳嗽痰盛、恶心呕吐等症状有良好的缓解作用。
- 橙子皮可以切成细小的碎粒，搭配适量蜂蜜、面粉等材料，做成面膜。敷在脸上轻轻按摩，能起到非常好的清洁、去除老化角质的作用，护肤效果显著。

橙香鱼排

● 材料

鲷鱼肉300克，橙子1个，红椒30克，冬笋20克。

● 调料

植物油3大匙，淀粉2大匙，水淀粉1大匙，白胡椒粉1/2小匙，盐2小匙，鸡精1小匙。

● 做法

1. 将红椒去籽、切丁，冬笋切丁，橙子取肉备用，鲷鱼肉切大块，沾上淀粉。
2. 锅中放油烧热，放鲷鱼肉炸至金黄色，装盘。
3. 另起锅，烧开水，放入橙子肉、红椒、冬笋，加白胡椒粉、盐、鸡精调味，勾芡后浇在炸好的鲷鱼块上。

美丽心经

鲷鱼是一种深海鱼，含有大量优质蛋白质和有益健康的不饱和脂肪酸，与富含维生素的橙子搭配，营养更加均衡。

甜橙焦熘肉

● 材料

甜橙100克，猪里脊200克，葱花少许。

● 调料

植物油3大匙，酱油1大匙，白糖1大匙，盐1小匙，鸡精1小匙，水淀粉2大匙。

● 做法

1. 将猪里脊切大片，用酱油、水淀粉抓匀，下油锅炸酥备用，甜橙取肉备用。
2. 锅中放油烧热，煸香葱花，放入炸好的里脊肉和甜橙肉，加白糖、盐、鸡精快速翻炒，勾匀芡即可出锅。

美丽心经

橙子与肉类一起食用，可以起到帮助消化、去油解腻的作用，果酸也能使肉更嫩滑爽口。

葡萄

性	味	色	对应五脏
平	甘	黑	肾

食材细说

葡萄营养非常丰富，常吃可以补血润颜，降低血压，消除水肿，帮助消化，缓解疲劳，迅速恢复体力，特别适合女性朋友和老幼体弱者作为滋补品食用。

葡萄是抗癌的标兵，它含有大量的类黄酮和花青素等高效抗氧化剂，对于延缓衰老、预防和抑制癌症有显著的作用。葡萄的皮和籽都含有非常丰富的抗氧化剂，保健效果好于果肉，所以说要“吃葡萄不吐葡萄皮”。

葡萄还是保护心血管的佳品，可以清除胆固醇、抗血栓、保持血压平稳。

葡萄含有大量的葡萄糖，容易被人体吸收，糖尿病患者应尽量少食。

美丽功效

补血，抗癌，防老，保护心血管。

营养成分

糖类、柠檬酸、酒石酸、类黄酮、钾、镁、膳食纤维等。

适应人群

☑YES

女性和老幼体弱者尤其适合食用。

☒NO

脾胃虚弱者、糖尿病患者应少食。

巧妙用法

- 吃葡萄最好连皮带籽一起吃。如果觉得口感不好，不妨将葡萄洗净后，连皮带籽放入搅拌机打碎成汁后再饮用。
- 葡萄含糖量很高，将葡萄汁直接敷在脸上，可以起到营养肌肤、活血润颜的作用。

葡萄洋葱饮

● 材料

葡萄100克，洋葱30克。

● 调料

蜂蜜1大匙。

● 做法

1. 将洋葱切块，和洗净的葡萄一起放入搅拌机，打成糊状。
2. 将葡萄洋葱糊倒入杯中，放入蜂蜜搅拌均匀即可饮用。

美丽心经

葡萄和洋葱都是强力抗氧化的食材，一起饮用，对抗肿瘤、延缓衰老十分有益。

葡萄干糯米粥

● 材料

葡萄干50克，糯米150克。

● 调料

冰糖1大匙。

● 做法

1. 将糯米洗净后，放入锅中，加适量水烧开，撇去浮沫，改中火煮20分钟。
2. 放入葡萄干和冰糖，煮至粥黏稠即可。

美丽心经

葡萄干味道甜美，熬粥可以补益气血，增强体力，提高免疫力。

西 瓜

性	味	色	对应五脏
寒凉	甘	红	心

食材细说

不论是食用，还是外用，西瓜都是很好的美容品，大量新鲜的汁液和鲜脆的西瓜皮都有利于增加皮肤弹性，减少皱纹，缓解晒伤后的肌肤红肿发炎，使肌肤更加光泽洁净、红润动人。

西瓜有清热解暑、除烦止渴、降低血压、利尿通便的作用。但西瓜含糖量很高，糖尿病患者应尽量少食，西瓜又有很强的利尿作用，肾功能不佳者也不宜多食。

美丽功效

美容防晒，清热解暑，利尿降压。

营养成分

糖类、维生素C、钾、钙、磷等。

适应人群

☑YES

肌肤粗糙、晒伤、高血压、暑热心烦、口干多汗者特别适合食用。

☒NO

寒性体质者、容易腹泻者、糖尿病患者及肾功能不佳者少食为妙。

巧妙用法

- 翠绿的西瓜皮也是美容的好材料，千万别随意丢弃！将西瓜皮切成小片，擦涂于脸部，可以清洁去油、补水润肤，对于修护晒后肌肤非常有益。
- 西瓜皮、丝瓜皮与荷叶一起泡水饮用，可以清热祛湿、利尿消肿，是一道效果显著的减肥茶饮。

清凉瓜皮丝

● 材料

西瓜250克，胡萝卜50克，熟白芝麻少许。

● 调料

盐1小匙，鸡精1小匙，香油1小匙。

● 做法

1. 将西瓜去青皮和瓤，只取白色部分，切成丝，将胡萝卜切丝。
2. 将西瓜皮丝和胡萝卜丝放入碗中，加入调料拌匀，撒上白芝麻即可。

美丽心经

西瓜皮利水解毒，维生素C含量丰富，胡萝卜富含类胡萝卜素，两者一起食用既能清心祛暑，又有助于改善皮肤干燥问题，保持皮肤健康。

西瓜奶露

● 材料

西瓜250克，牛奶100克。

● 做法

1. 将西瓜取瓤，去掉瓜子，放入搅拌机中打成西瓜汁。
2. 将西瓜汁与牛奶搅拌均匀，即成西瓜奶露。

美丽心经

西瓜清心补水，牛奶润肺美白，二者合用，美容润肤的效果非常好。

樱 桃

性 温 | 味 酸 | 色 红 | 对应五脏 心肝

食材细说

樱桃又被称为“排毒第一果”，尤其有利于排解血液毒素，促进血液循环。

樱桃的含铁量特别高，居各种水果之首，常食可以补血养颜，对改善缺铁性贫血也有一定作用。

樱桃还是美容佳果，可以改善不良气色，祛皱除斑，让人肌肤红润嫩白，更加光彩照人、青春常驻。

樱桃由于色泽鲜艳诱人，常被用作菜点的装饰。但应注意要尽量食用新鲜的樱桃，装饰用的罐装樱桃不但营养所剩无几，还增加了一些不利于健康的添加物。

美丽功效

补血，排毒，改善气色，延缓衰老。

营养成分

糖类、维生素C、铁、钾、钙、维生素P、叶酸等。

适应人群

☑YES

一般人均适合，尤其对缺铁性贫血、面色不佳者有益。

☒NO

阴虚火旺者应慎食。

巧妙用法

● 樱桃非常适合搭配奶制品一起食用，牛奶或酸奶均可，除了口感更加润泽甜美外，排毒美容的功效也更加突出。

樱桃水果捞

● 材料

樱桃150克，梨100克，西瓜瓤10克。

● 调料

蜂蜜1大匙。

● 做法

1. 将樱桃洗净、去核，切成丁，梨去皮、核，切丁，西瓜瓤切丁。
2. 把切好的水果丁放在碗里，加蜂蜜拌匀即可。

美丽心经

樱桃排毒效果好，搭配其他水果可以补充多种维生素，使肌肤更加水嫩透白。

樱桃海味沙拉

● 材料

樱桃150克，青椒50克，虾仁50克，鲜干贝50克。

● 调料

沙拉酱2大匙。

● 做法

1. 将虾仁、鲜干贝洗净，用水焯熟后过凉，沥水，装盘。
2. 将樱桃、青椒洗净，切丁，与虾仁、鲜干贝混合，加沙拉酱拌匀即可。

美丽心经

海鲜吃多了会伤肝，而樱桃可以保护肝脏，提高肝脏的解毒能力，所以，特别适合与海鲜一起食用。

草莓

性：微凉
味：甘
色：红
对应五脏：心

食材细说

草莓不仅色泽诱人、味道甜美，也是公认的美容食品。常吃草莓可以促进肌肤及毛发的健康，令皮肤更透明水嫩、白里透红、容光焕发。

草莓还能促进血液循环、改善贫血，预防坏血病、动脉硬化、冠心病等，对预防和抑制肿瘤也有一定的辅助作用。

草莓所含的果胶和膳食纤维可以帮助消化，清理肠道，促进排便，对胃肠道有很好的保护作用。此外，草莓还有润肺生津、清热凉血、解酒等作用。

美丽功效

美容养颜，保护心血管，通便防癌。

营养成分

糖类、膳食纤维、维生素C、叶酸、钾、钙等。

适应人群

☑YES

一般人均适合，尤其对肌肤不佳、便秘、贫血者有益。

☒NO

脾胃虚寒者、尿路结石者不宜多食。

巧妙用法

- 草莓除了直接食用外，还适合打成汁饮用，也是制作沙拉的好材料。草莓搭配奶制品，可以增加润泽的口感，充分展现它的香甜。

草莓橙奶

● 材料

草莓100克，甜橙1个，牛奶100克。

● 做法

将甜橙去皮、切块，草莓洗净，一起放入搅拌机，倒入牛奶，打成糊状，倒入杯中即可饮用。

美丽心经

常饮草莓橙奶，可以改善粉刺、黑头、毛孔粗大、粗糙等肌肤问题。

草莓果蔬沙拉

● 材料

草莓150克，苹果50克，猕猴桃50克，黄瓜50克，酸奶100克。

● 调料

冰糖沙1大匙。

● 做法

1. 将草莓、黄瓜洗净，切丁，将苹果去核、切丁，将猕猴桃去皮、切丁。
2. 把处理好的材料放入碗中，加入酸奶和冰糖沙拌匀即可。

美丽心经

多种蔬菜、水果搭配，可以说是一顿“维生素大餐”，经常食用，对美容和瘦身都十分有益。

草莓银耳小米粥

● 材 料

小米150克，草莓100克，水发银耳50克。

● 调 料

冰糖1大匙。

● 做 法

1. 将洗净的小米、银耳和冰糖放入锅中，加适量的水，煮20分钟。
2. 草莓洗净、切块，放入锅中，再开锅即可。

美丽心经

草莓美白肌肤，银耳排毒养颜，小米补虚养血，三者一起食用，对女性美容保健特别有益。

Chapter 6

水产类

紫菜

性	味	色	对应五脏
微寒	咸	黑	肾

食材细说

紫菜含有丰富的微量元素，营养价值非常高。钙可以强化骨骼，预防骨质疏松；铁可以预防贫血，增强体质；碘可以调节甲状腺功能，硒可以预防和抑制肿瘤，起到抗癌作用；此外，紫菜还含有大量的钾、磷、镁、钠、锌等元素和维生素B_2、维生素K、叶酸、烟酸等维生素，是不可多得的“营养宝库”。

紫菜的膳食纤维含量很高，热量又很低，所以，又是通便、排毒、减肥、利尿、消肿的最佳食品。

常吃紫菜的人头发乌黑、眼睛明亮。“以黑补黑”的说法可以在紫菜上得以充分印证。

美丽功效

乌发，明目，润肤，减肥，消肿，通便，抗癌。

营养成分

蛋白质、碘、铁、钙、钾、钠、磷、硒、镁、锌、维生素B_2、叶酸、膳食纤维等。

适应人群

☑YES

一般人均适合，水肿、肥胖、白发、缺钙、贫血、甲状腺肿大者应多食。

☒NO

甲状腺功能亢进者、肠胃功能障碍及腹泻者应少食。

烹调技巧

- 紫菜适合做汤，能使汤的味道更加鲜美，营养也不会损失。
- 紫菜一般在超市可以买到，喜欢它味道的人常能直接食用，或做成寿司、拌饭等形式，如果你不习惯生吃，煮汤是最佳选择。

紫菜豆腐汤

● 材料

紫菜20克，北豆腐100克，虾皮少许。

● 调料

盐1小匙，鸡精1小匙，香油1小匙。

● 做法

1. 将北豆腐切块，放入锅中，加适量水，中火煮10分钟。
2. 放入紫菜、虾皮，再煮2分钟，放入调料调味即可。

美丽心经

紫菜与富含钙质和蛋白质的豆腐搭配，可以有效补充钙质，强壮骨骼，预防和改善骨质疏松。

紫菜虾皮汤

● 材料

紫菜20克，虾皮10克，香葱末少许。

● 调料

香油1小匙，醋1小匙，盐1小匙，白胡椒粉1/2小匙。

● 做法

将所有材料和调料放入碗中，冲入刚烧开的水即可。

美丽心经

紫菜是矿物质的天然宝库，饭后常来一碗紫菜虾皮汤，保你头发乌黑、明眸皓齿。

海 参

美丽功效

补肾养血，益肤健骨，防老抗衰。

营养成分

蛋白质、维生素B_{12}、钙、钠、镁、硒、铁、磷、硫胺素等。

适应人群

☑YES
精力不足、气血不佳者，心血管疾病及糖尿病患者尤为适宜。

☒NO
脾胃虚弱、容易腹泻者应少食。

性	味	色	对应五脏
温	咸	黑	肾

食材细说

海参是传统的滋补食品，也是“海八珍”之一。它具有高蛋白、低脂肪、不含胆固醇的优点，对心血管疾病患者及身体虚弱者是最佳食疗品。

海参含有大量的胶质和硫胺素，对滋养保护肌肤、充实肌肉、强健骨骼、延缓衰老有很大的益处。此外，食用海参还能起到补肾、增强造血机能、提高人体免疫力、促进排便和改善糖尿病等作用。

对于女性而言，海参还有更多的好处：经血不调的人多吃海参可以滋阴补血，调经养气；孕妇吃海参可以养胎利产，产后吃海参可以起到补虚调养的作用；中老年女性吃海参还可以预防常见的妇科肿瘤。

烹调技巧

- 海参本身没有什么味道，一般要通过汤汁调味来增强口感。也可以把海参切成小粒，混合其他原料制成馅，或切成块，与其他原料一起煲汤。
- 海参是价格比较贵的食材，一般多用干制品。自己泡发海参比较麻烦，也不易发透，最好去超市购买已经泡发好的海参，冲洗干净后即可烹调使用。

红烧海参

● 材料

海参150克，冬笋50克，大葱50克。

● 调料

植物油2大匙，香油1小匙，酱油1大匙，鸡精1小匙，盐1小匙，水淀粉1大匙。

● 做法

1. 将海参切块，葱切段，冬笋切片。
2. 锅中倒油烧热，放葱段煸香，放入海参、冬笋，加酱油翻炒2分钟，以盐、鸡精调味，勾芡，淋上香油即可。

美丽心经

这道红烧海参可以食补虚弱、调养经血，适合气血不调的女性食用。

芹菜海参汤

● 材料

海参100克，芹菜100克。

● 调料

香油1小匙，醋1小匙，白胡椒粉1/2小匙，盐1小匙。

● 做法

1. 将海参切块，芹菜切段。
2. 锅中放水烧开，放海参、芹菜煮2分钟，加入调料即可。

美丽心经

海参是高蛋白食物，但是几乎不含胆固醇，芹菜是降血压的佳品，搭配食用可降压、降胆固醇，预防心血管疾病的发生。

鲫 鱼

美丽功效

疗补体虚，通乳下奶，消除水肿。

营养成分

蛋白质、维生素B_{12}、叶酸、钾、磷、钠、钙、镁等。

适应人群

☑YES

一般人均适合，尤其对产后妇女及身体虚弱者有益。

☒NO

胆固醇高的人应少食鱼子。

性	味	色	对应五脏
平	甘	白	肺

食材细说

鲫鱼肉质非常细嫩鲜美，所含蛋白质齐全完整，而且特别容易被人体吸收，所以，自古就是人们补充营养、恢复体力的最佳选择。

鲫鱼汤是产妇补身的佳品，不仅可以疗补产后体虚，而且还有通乳下奶的作用，是坐月子不可缺少的滋补食品。

平时多食用鲫鱼，能强身健体、增强免疫力、活血通络、消除水肿。而且，据医典记载：鲫鱼“与病无碍，诸鱼中唯此可常食”，可见，它的适应人群非常广，不仅是健康人，各种病人也可以放心食用。

烹调技巧

- 鲫鱼清蒸或做汤，口味最为鲜美。做汤时又最适合与豆腐搭配，营养更丰富。
- 清蒸鲫鱼前应先将鱼在沸水中汆烫一下，这样鱼皮可以更紧致，蒸后不会出现皮开肉绽的现象。

鲫鱼萝卜汤

● 材料

鲫鱼1条，白萝卜150克，姜3片，香菜少许。

● 调料

料酒1大匙，盐2小匙，白胡椒1/2小匙。

● 做法

1. 将鲫鱼去鳞、鳃和内脏，洗净，将白萝卜去皮、切粗条。
2. 将鲫鱼、白萝卜条放锅中，加适量水烧开，撇去浮沫，放姜片、料酒，大火炖煮约10分钟，至汤汁变奶白色，加盐、白胡椒粉调味，盛入汤盆，撒上香菜即可。

美丽心经

鲫鱼可以补充体力、活血消肿，白萝卜可以理气通肠、润肺止咳，常食能有效提高身体免疫力，还能起到滋阴润肤的作用。

糖醋酥鲫鱼

● 材料

鲫鱼1条，红椒30克，姜20克，香菜少许。

● 调料

植物油3大匙，酱油1大匙，米醋2大匙，白糖2大匙，盐2小匙，鸡精1小匙，淀粉2大匙，水淀粉1大匙。

● 做法

1. 将鲫鱼去鳞、鳃和内脏，洗净，两面各剞几刀，将红椒、姜切丝，香菜切段。
2. 鲫鱼蘸淀粉，下油锅炸酥后装盘。
3. 锅中放油烧热，煸香姜丝，放适量水，加红椒丝、酱油、米醋、白糖、盐、鸡精，勾芡后浇在鱼身上，撒香菜即可。

美丽心经

鲫鱼刺又多又小，对于不善摘刺的人来说，酥炸是一个很好的解决办法。

鲶鱼

性	味	色	对应五脏
温	甘	黑	肾

食材细说

鲶鱼又叫胡子鲢，身体表面多黏液，所含脂肪和蛋白质都比较多，肉质细嫩，容易消化，味道鲜美，鱼刺也比较少，对身体虚损、营养不良的人有很好的补益作用。

对于女性朋友来说，鲶鱼可以起到滋阴养血、补气润颜、消肿利尿的作用，可以使人肌肉丰满、肌肤细腻。鲶鱼还是产后催乳的佳品，常被用于产后食补，既能快速补充体力，又能让新妈妈的奶水更加充沛。

鲶鱼是发物，有痼疾或患溃疡病的人应慎食，以免加重病情。

美丽功效

补充体力，滋阴养血，润肤催乳。

营养成分

蛋白质、脂肪、维生素E、叶酸、钾、磷、钠、钙等。

适应人群

☑YES

特别适合身体虚弱者和产妇食用。

☒NO

有痼疾者或溃疡病患者应慎食。

烹调技巧

- 鲶鱼体表有一层黏液，烹调前应先入沸水汆烫一下，再用清水冲洗，即可将黏液去除。
- 鲶鱼适合炒制或煮汤，对于产妇来讲，煮汤是最佳选择，催奶效果也最好。

鲶鱼豆腐汤

● 材 料

鲶鱼500克，北豆腐300克，姜10克，香菜20克。

● 调 料

料酒1大匙，盐2小匙。

● 做 法

1. 鲶鱼去鳃和内脏，用开水氽烫后切成块，将北豆腐切块，姜切片，香菜切段。
2. 锅中放入鲶鱼、豆腐，加适量水烧开，撇去浮沫，放姜片、料酒，大火煮15分钟左右，至汤变成奶白色，放盐调味。
3. 盛入汤盆中，撒入香菜即可。

美丽心经

鲶鱼胶质丰富、肥而不腻，豆腐口感嫩滑、营养价值高。这道汤可补虚养血，尤其适合产妇食用，能促进乳汁分泌。

醋熘鲶鱼片

● 材 料

鲶鱼肉300克，水发木耳50克，广东菜心30克，成品佛手魔芋30克，姜片3片。

● 调 料

植物油2大匙，料酒1大匙，白醋1大匙，白糖1大匙，水淀粉2大匙，盐2小匙，鸡精1小匙。

● 做 法

1. 将鲶鱼肉切厚片，用料酒、水淀粉抓匀，焯水备用，菜心切段。
2. 锅中倒油烧热，将姜片炒香，放木耳、魔芋、菜心略炒，加适量水，放鲶鱼片、白醋、白糖、盐、鸡精，勾匀芡即可。

美丽心经

醋熘的做法可以通过醋的酸味来帮助人体消化吸收蛋白质，还可以去除鱼腥味。

海带

性	味	色	对应五脏
微凉	咸	黑	肾

食材细说

海带又叫昆布，含有丰富的碘、磷、钙、硒等微量元素，可以调节人体内分泌，软坚化结。对于女性来讲，可以起到黑亮头发、润泽肌肤、预防肿瘤的作用，尤其对女性常见的乳腺增生、乳腺癌、子宫肌瘤等都有一定的预防作用。

此外，海带丰富的胶质和膳食纤维可以促进身体毒素的代谢，帮助清理肠道，清除胆固醇，降血脂和减肥的效果也非常好，还能有效预防肠癌。

美丽功效

排毒通便，乌发润肤，降脂减肥，预防癌症。

营养成分

钾、碘、钠、钙、磷、镁、硒、铁、叶酸、膳食纤维等。

适应人群

☑YES

一般人均适合，尤其对心血管病患者、肥胖者、癌症患者有利。

☒NO

甲状腺功能亢进者应慎食。

烹调技巧

- 海带经常用于凉拌或煮汤，搭配肉食效果也不错，不但营养完整丰富，而且可以化解肉食的油腻感，帮助消化，且口感更加润泽，不会有涩味。
- 海带不易煮熟，容易发硬，影响口感。可以在煮海带的水中加些醋，能使海带更快软化。

海带绿豆粥

● 材料

海带丝70克，绿豆50克，大米150克。

● 做法

1. 将绿豆洗净，放入锅中，加适量水，小火煮20分钟。
2. 将大米淘洗干净，和海带丝一起下入锅中，中火煮约20分钟，至粥黏稠即可。

美丽心经

海带可以给人体补充丰富的微量元素和膳食纤维，绿豆可以清热解毒，一起煮粥，能有效地解毒，提高免疫力。

海带鸡丝炒豆芽

● 材料

鲜海带结100克，鸡胸肉100克，豆芽100克，葱花少许。

● 调料

植物油2大匙，淀粉1大匙，香油1小匙，白糖1小匙，盐2小匙，鸡精1小匙。

● 做法

1. 将海带结、豆芽洗净，将鸡胸肉切丝，抓匀淀粉，用水焯熟后沥水备用。
2. 锅中倒油烧热，煸香葱花，放海带结、豆芽、鸡丝翻炒，加白糖、盐、鸡精、香油炒匀即可出锅。

美丽心经

海带富含微量元素和膳食纤维、鸡肉补充优质动物蛋白，豆芽菜是植物蛋白的来源，一起食用，营养更丰富。

海带炒蚕豆

● 材 料

鲜海带结100克，鲜蚕豆150克，葱花少许。

● 调 料

植物油1大匙，白胡椒粉1/2小匙，盐1小匙，鸡精1小匙。

● 做 法

1.将海带洗净，蚕豆焯水备用。

2.锅中倒油烧热，下葱花炒香，放海带结、蚕豆，加适量水焖煮5分钟，放白胡椒粉、盐、鸡精，大火收干汁即可出锅。

美丽心经

蚕豆富含植物蛋白、不饱和脂肪酸、维生素E等营养素，与海带一起食用，有补充体力、消除疲劳、黑发美肤的作用。

Chapter 7

豆 类

黄豆、豆浆、豆腐

性	味	色	对应五脏
平	甘	黄	脾

美丽功效

补充体力，补钙壮骨，改善更年期综合症，防老抗衰。

营养成分

蛋白质、B族维生素、钙、钾、磷、镁、叶酸、膳食纤维等。

适应人群

√YES

更年期女性、心血管病患者、身体虚弱者尤为适宜。

X NO

消化不良、易胀气者、肾病、痛风者不宜食用。

食材细说

黄豆也叫大豆，营养价值很高，对女性尤其有益。除了丰富的大豆蛋白可以补充体力、高量的钙可以强化骨骼外，黄豆中还含有一种类似雌激素的物质——异黄酮，对于改善女性更年期综合症、保护心血管、抗老防衰、维持肌肤润泽、养护头发特别有利。

豆腐是由黄豆加工而成的，口感细嫩柔滑，而且更容易消化，大豆蛋白的吸收率比黄豆增加了很多，钙的含量也大幅增加了。

豆浆是由黄豆磨浆制成的，常饮可以补充体力、消除疲劳、美容养颜、清除色斑，补钙效果也非常好，在我国常作为牛奶的替代品。

烹调技巧

- 黄豆制品还有很多，如豆豉、豆汁、豆渣、腐乳、黄酱、豆泡等，经过发酵后营养更容易吸收，适量搭配食用，对健康有益。
- 干黄豆要先泡水12小时以上，充分胀发后才容易煮熟。黄豆放入豆浆机打浆前，也应用水泡开。

香辣豆腐

● 材料

豆腐200克，大葱50克，姜片2片。

● 调料

植物油2大匙，香辣酱1大匙，酱油1大匙，盐1小匙，鸡精1小匙，水淀粉1大匙，香油1小匙。

● 做法

1. 将豆腐切块，葱切小段。
2. 锅中倒入油烧热，将香辣酱炒香，放姜片、葱段略炒，倒入酱油和适量水烧开，放入豆腐焖2分钟，加盐、鸡精，勾匀芡，淋香油即可。

美丽心经

豆腐本身的味道比较淡，所以调味就显得格外重要，也是做好这道菜的重点。

黄豆芽炒蘑片

● 材料

黄豆芽150克，棒菇100克。

● 调料

植物油1大匙，豆瓣酱1大匙，白糖1小匙，白醋1小匙，盐1小匙，鸡精1小匙。

● 做法

1. 将黄豆芽洗净，棒菇切片后焯水备用。
2. 锅中倒入油烧热，将豆瓣酱炒香，加白糖、白醋，放入黄豆芽、棒菇片，大火快炒，加盐、鸡精调味即可。

美丽心经

黄豆芽是黄豆的副产品，营养价值也与黄豆类似，是美容润肤的好材料。菌类食材都有排毒、抗癌的作用，搭配黄豆芽，对健康格外有益。

绿 豆

性	味	色	对应五脏
寒凉	甘	青	肝

食材细说

绿豆有清热解毒的功效，最适宜夏季食用。绿豆的蛋白质含量很高，而且含有丰富的维生素E，对于营养肌肤、保持光泽、延缓衰老、平复皱纹十分有益。对于经常上火、口舌生疮、肌肤油腻、容易长痘的人来说，绿豆是最佳的食疗品。

此外，绿豆有很强的解毒作用，尤其对于铅中毒、汞中毒、酒精中毒等都有缓解的效果，常使用化妆品的女性会担心重金属超标，多吃些绿豆是预防的好方法。

绿豆含钾较高，有利尿作用，肾病者应慎食。绿豆的通便效果也很显著，脾胃虚弱者少食为妙。在服药期间，如果食用绿豆，药效可要大打折扣了，服用温补药时更不能与绿豆同食。

美丽功效

清热解毒，去油抗痘，润泽肌肤。

营养成分

蛋白质、糖类、维生素E、叶酸、钾、磷、钙、膳食纤维等。

适应人群

☑YES

暑热多汗、肌肤油腻长痘、便秘上火、常接触重金属者尤为适宜。

☒NO

脾胃虚弱、腹泻者及肾病患者不宜食用。

烹调技巧

- 绿豆汤是夏季消暑的最佳食品，如果你没有时间熬煮，也可以用省事的办法：上班前把一把绿豆放入暖瓶中，倒入开水，盖上瓶盖，等下班到家时，正好可以喝到泡制适宜的绿豆汤。
- 绿豆也可以煮饭或熬粥，但口感比较粗糙，搭配一些糯性的材料，如大米，口感会好很多。
- 绿豆与薏米搭配熬粥食用，可以起到美白肌肤、调理油脂平衡、提高免疫力的作用。

金钩豆芽菜

● 材 料

绿豆芽250克，海米50克。

● 调 料

植物油2大匙，盐1小匙，鸡精1小匙。

● 做 法

1. 将绿豆芽洗净，海米洗净后用水浸泡半小时。
2. 锅中倒入油烧热，将海米炒出香味，放绿豆芽，大火快炒，加盐、鸡精调味即可。

美丽心经

绿豆芽是绿豆的副产品，功效与绿豆类似，也有清热解毒的作用。搭配富含微量元素的海米，营养更加丰富。

绿豆薏米粥

● 材 料

绿豆100克，薏米50克，糯米100克。

● 调 料

白糖适量。

● 做 法

1. 将各材料洗净，分别浸泡。
2. 将绿豆放入煮锅中，加适量水，小火煮20分钟，放入薏米、糯米，中火再煮20分钟。
3. 加白糖拌匀即可食用。

美丽心经

这是一道经典的美容食品，经常食用可以祛湿解油腻、美白肌肤，尤其适合于夏季食用。

红 豆

性	味	色	对应五脏
平	甘	红	心

食材细说

红豆含有丰富的钾，是利尿消肿的好食材。红豆还是美容佳品，能活血解毒、美肤润颜，延缓衰老，对于女性调养气血十分有益。产妇及哺乳期的妇女多吃红豆，可以促进乳汁分泌，有催奶的效果。

常食红豆还有利于心血管健康，可以帮助降血压、降血脂、调解血糖、预防结石、通便、抗癌、减肥，真是好处多多！

不过，红豆利尿功能较强，对于肾功能不佳及尿频的人来说，还是少食为妙。

美丽功效

美容润肤，改善气色，利尿消肿，催奶，保护心血管。

营养成分

蛋白质、钾、铁、钙、磷、镁、叶酸、膳食纤维等。

适应人群

☑YES

对女性、尤其是产后哺乳妇女有益，水肿病人也适宜多吃。

☒NO

肾功能不佳、尿频者不应多食。

烹调技巧

- 红豆等豆类的蛋白质种类不完整，而且口感比较粗糙，所以，最好与其他谷类食品混和食用，营养更全面，口感也更好。红豆常做成豆沙馅，制作豆沙包等各种点心，也常用来做红豆饭、红豆粥等，可以增加甜味。

- 制作红豆沙和红豆馅都相当麻烦，可以去超市买现成的。如果不需太细的话，也可以先将红豆煮熟，再用搅拌机打碎，就可以用来制作好吃的红豆冰了。

红豆冰

● 材料

红豆200克，冰块适量。

● 调料

冰糖1大匙。

● 做法

1. 将红豆洗净，放入锅中，加适量水和冰糖，小火煮1小时左右，至豆软烂后捞出晾凉。
2. 倒适量冰块于杯中，放入煮好的红豆即可。

美丽心经

红豆是利尿消肿的食材，夏季多食用，可以祛除体内的湿气，改善血液循环。

红豆糯米粥

● 材料

红豆100克，糯米150克。

● 调料

白糖适量。

● 做法

1. 将红豆洗净后放入锅中，加适量水，小火煮20分钟，放糯米再煮30分钟。
2. 加白糖拌匀即可食用。

美丽心经

豆类很适合与谷物类一起食用，不仅可以调节口味，蛋白质也更完全，营养更丰富。常食红豆粥，对补血养颜十分有益。

黑 豆

性	味	色	对应五脏
平	甘	黑	肾

食材细说

黑豆是黑色食品的代表，有补肾强腰、健脑乌发、润泽肌肤、利水消肿、清热解毒的作用。黑豆有滋阴养肾的功效，尤其适合女性食用，而且黑豆还富含维生素E和B族维生素，对于延缓衰老和养护肌肤有直接的作用。

黑豆含有多种维生素、微量元素，其所含的脂肪多由不饱和脂肪酸组成，可以防治高血压、高血脂、心脏病等心血管疾病，丰富的膳食纤维还能有效地清理肠道，是最健康有益的“粗粮”之一。

美丽功效

补肾乌发，养颜排毒，清理肠道，保护心血管，利水消肿。

营养成分

蛋白质、脂肪、B族维生素、维生素E、铁、钙、叶酸、钾、膳食纤维等。

适应人群

☑YES

水肿、便秘、白发、早衰、患心血管疾病的人适合多食，尤其适合女性保健。

☒NO

肾功能不佳、容易胀气、腹泻者应少食。

黑豆小麦粥

● 材 料

黑豆100克，小麦100克。

● 调 料

白糖适量。

● 做 法

1. 将黑豆洗净，放入锅中，加适量水，小火煮30分钟，放小麦再煮20分钟。
2. 加白糖拌匀即可食用。

Chapter 8

干货坚果类

红 枣

性	味	色	对应五脏
温	甘	红	胃 心

美丽功效

补气养血，红润气色，抗老防衰，健脾养胃，安眠，抗癌。

营养成分

糖类、维生素C、维生素E、B族维生素、铁、钙、镁、膳食纤维等。

适应人群

☑YES

各年龄阶段的女性都适合食用，身体虚弱者可多食。

☒NO

糖尿病患者应少食。

食材细说

红枣是补气养血的圣品，它含有丰富的铁，能使血中含氧量增加、滋养全身细胞，是一种缓和性强壮剂，特别适合身体虚弱者或女性滋补身体。常食红枣可以使面色红润、气血充盈、青春常驻，而且红枣口感香甜，吃法多样，携带方便，可以当作零食随时食用，所以深受女性朋友的喜爱。

除了补血以外，红枣还有健脾养胃、润肺止咳、安神助眠、排毒、抗衰的作用。最新的医学研究发现，红枣也是抗癌食品，它能全面提高人体的免疫力。

烹调技巧

- 新鲜的红枣十分香脆，但季节性很强，不易保存，所以一般我们食用的多为干制品。红枣用于烹调的方法很多，可以做凉拌菜、甜品，也可以熬粥、煮汤、炒菜，做点心也常用到它。
- 红枣也是泡茶的好材料，不过，泡茶时要把红枣掰开，否则它坚固的表皮会影响其营养物质的溶出。

红枣麦杞汤

● 材料

红枣50克，小麦50克，干枸杞子10克。

● 做法

1. 将红枣放入锅中，加适量水，小火煮20分钟。
2. 放小麦、枸杞子再煮20分钟即可。

美丽心经

红枣健脾养胃、养心安神、补血健脑；小麦养心益肾、健脾养血；枸杞养肝益肾，一起食用，补益五脏，尤其适合更年期女性。

红枣排骨汤

● 材料

红枣50克，排骨250克，姜片3片。

● 调料

料酒1大匙，醋1小匙，白糖1小匙，盐2小匙。

● 做法

1. 将排骨切小段，焯水后放入锅中，加适量水，放入姜片、料酒、醋、白糖，小火炖40分钟。
2. 放入红枣，再炖20分钟，加盐即可。

美丽心经

红枣健脾养血，排骨滋养强壮，体质虚弱的女性不妨多食。

莲子

美丽功效

养心安神，补钙强心，降压除烦，健脾止泻，滋阴润肺。

营养成分

糖类、钙、钾、磷、镁、维生素E、烟酸等。

适应人群

☑YES

心火旺、高血压、体虚、失眠者宜食用，也适合更年期女性及容易腹泻者。

☒NO

易便秘胀气者不要多食。

性	味	色	对应五脏
平	甘	白	肺

食材细说

莲子是常见的滋补品，是养心安神、补钙健骨、强心降压的良药，对女性尤其有益，特别是对于更年期女性容易出现的心烦气躁、失眠健忘、骨质疏松等状况有很好的预防和缓解作用。

莲子也是滋阴润颜的佳品，常食能补肾润肺，维持肌肤及毛发的健康。

莲子不易消化且有收涩作用，如果食用过量容易引起便秘，腹泻者食用则可以起到止泻的作用。

莲子心是一味中药，味道很苦，但其强心去火、除烦降压的作用也最强，最好能一起食用，不要丢弃。

烹调技巧

- 莲子比较坚硬，不容易熟烂，烹调前应泡水12小时以上，如果没有时间泡水，需用高压锅焖煮，才能使其软烂。
- 莲子常用来熬粥，比如八宝粥中就有莲子，与米类搭配，健脾益胃的作用更强。也可以煮汤或做羹，与其他白色食品，如百合、银耳、冰糖搭配，滋阴养颜的效果更好。

莲子银耳羹

● 材料

莲子50克，水发银耳50克。

● 调料

冰糖1大匙。

● 做法

1. 将莲子用水浸泡6小时以上。
2. 将莲子、银耳、冰糖放入锅中，加适量水，小火煮40分钟，至汤汁浓稠即可。

美丽心经

白色食材的润肺功能显著，银耳、莲子、冰糖三种白色食材搭配，可以润燥补肺，养颜润肤，是美人们的看家法宝。

莲子葡萄羹

● 材料

莲子50克，葡萄干30克。

● 做法

1. 将莲子用水浸泡6小时以上。
2. 将莲子放入锅中，加适量水，小火煮40分钟。
3. 放入葡萄干再煮5分钟即可。

美丽心经

莲子本身味道比较淡，它适合与甜味食材搭配，葡萄干甜度较大，在口味上非常适宜，在营养上也是最佳搭配。

黑木耳、银耳

性	味	色	对应五脏
平	甘	黑白	肾肺

食材细说

黑木耳和银耳一黑一白，都是营养丰富、滋补功效卓著的食用菌。

黑木耳含铁量非常高，能补血养颜，红润肌肤，延缓衰老。黑色入肾，黑木耳有补肾的作用，可以黑亮秀发、润泽肌肤。同时，黑木耳丰富的胶质和膳食纤维还能有效地清除体内有毒物质，保护心血管。常食黑木耳对于提高身体免疫力、防癌抗癌也有很大帮助。

银耳又叫白木耳或雪耳，富含天然植物性胶质，是滋阴润肺的传统食品。常食可以滋润肌肤、祛斑美白、健身减肥、安神补脑，对于阴虚火旺的女性可以说是天然良药。同黑木耳一样，银耳也具有很强的排毒、抗癌、抗衰老的能力。

美丽功效

黑木耳养神补血，美容乌发，排毒抗癌；银耳滋阴润肺，祛斑美白，抗老防衰。

营养成分

胶质、铁、钙、钾、磷、维生素D、叶酸、膳食纤维等。

适应人群

☑YES

一般人均适合，尤其对女性、心血管疾病患者及癌症患者有益。

☒NO

腹泻者应少食。

烹调技巧

- 黑木耳和银耳都是干制品，烹调前要经过水发浸泡。一般用温水泡发，并轻轻搓揉干净，摘去未发开的部分，再进行烹调。
- 黑木耳和银耳自身味道很淡，要经过调味或借助其他食品的味道。一般来讲，黑木耳适合与咸味搭配，而银耳适合与甜味搭配。

凉拌银耳

● 材料

水发银耳70克，黄瓜150克。

● 调料

辣椒油1大匙，白醋1大匙，盐2小匙，鸡精1小匙。

● 做法

1. 将黄瓜洗净、切丝，加白醋、盐、鸡精拌匀，码盘。
2. 将银耳洗净，用开水焯熟，过凉、沥水后码在黄瓜丝上，浇上辣椒油。
3. 食用时拌匀即可。

美丽心经

银耳不仅适合制作汤羹甜品，凉拌也相当不错，排毒润肤的效果非常好。

木耳炒莴笋

● 材料

水发木耳100克，莴笋150克，红椒30克，葱花少许。

● 调料

植物油2大匙，水淀粉1大匙，香油1小匙，盐1小匙，鸡精1小匙。

● 做法

1. 将木耳洗净，莴笋去皮、切片，红椒切片。
2. 锅中倒入油烧热，爆香葱花，放入木耳、莴笋、红椒快速翻炒，加盐、鸡精调味，勾芡，淋香油出锅。

美丽心经

黑木耳与不同色彩的蔬菜搭配，诱人食欲，此菜是排毒、清肠的上佳选择。

松子

美丽功效

延缓衰老，润肤美容，润肠通便，保护心血管。

营养成分

蛋白质、脂肪、维生素E、叶酸、磷、钾、钙、镁、锌等。

适应人群

☑YES

中老年人、身材瘦弱者更适合食用。

☒NO

易腹泻者、胆功能不佳者、肥胖者少食。

性	味	色	对应五脏
温	甘	黄	胃

食材细说

松树被认为是长寿的象征，同样，松子也是延年益寿的佳品。

松子中的脂肪多是由油酸、亚油酸等不饱和脂肪酸组成的，对软化血管、预防心血管疾病大有裨益。丰富的油脂还有润肠通便、养肤美容、抗老防衰的功效。

维生素E能润泽肌肤、平复皱纹和预防皱纹产生，大量的磷、镁、锌等微量元素可以健脑益智。常食松子，可以起到强身健体、润肺止咳、提高免疫力的作用。

不过，松子中含油脂较多，对于身材瘦弱者多食无妨，但体形肥胖或打算减肥的人就要控制食用了。

烹调技巧

- 松子经常被当作零食食用，其实，它在烹调中的应用也很多。松仁玉米就是很有名的菜肴，此外，熬粥或调羹都是不错的方法。
- 为了让松子的香味充分散发出来，通常要先将松子过油炸熟或烤熟，再与其他原料搭配烹调。

松仁玉米

● 材料

松子仁20克，甜玉米150克，胡萝卜50克，豌豆50克。

● 调料

植物油2大匙，白糖2大匙，白醋1小匙，香油1小匙，鸡精1小匙，盐2小匙。

● 做法

1. 将胡萝卜去皮、切丁，松子仁过油炒熟备用。
2. 锅中倒入油烧热，放胡萝卜炒变色，放入甜玉米、豌豆，加白糖、白醋翻炒，放松子仁、盐、鸡精、香油，炒匀出锅。

美丽心经

松子仁、玉米、豌豆都是种子类食材，植物蛋白、不饱和脂肪酸、维生素E等含量较大，对滋养肌肤、延缓衰老十分有益。

松仁南瓜羹

● 材料

松子仁20克，南瓜250克。

● 调料

白糖1大匙。

● 做法

1. 将松子仁过油炒熟备用。
2. 将南瓜去皮、瓤，上蒸锅蒸熟，取出，压成南瓜泥。
3. 锅中倒入水烧开，放入南瓜泥、白糖，熬成南瓜糊，盛入碗中，撒入松子仁即可。

美丽心经

南瓜有护肤、通便、防癌的作用，搭配抗衰老、美容润肤的松子，可以有效改善肌肤粗糙老化的状况。

花生

性	味	色	对应五脏
平	甘	红白	心肺

食材细说

花生又被称为“长生果”，顾名思义，它有延缓衰老的作用。

花生的营养价值非常高，含有丰富的蛋白质和脂肪，其中的不饱和脂肪酸有降低胆固醇、保护心血管的作用。常食花生可以补血养颜、红润肌肤、抗老防衰、健脑益智，还有润肺化痰、利尿消肿、止血通乳的作用。花生与猪蹄一起炖汤，对于女性产后调养、促进奶水分泌特别有益。

花生红衣是补充血小板的天然良药，有很好的止血、凝血的作用，对身体虚弱者及出血病人十分有益。但对血液黏稠者及血栓病人来说，这层红衣最好不要食用。

美丽功效

补血养颜，延缓衰老，健脑益智，止血通乳，强壮身体。

营养成分

蛋白质、脂肪、钾、磷、镁、硒、维生素K、叶酸等。

适应人群

☑YES

面黄肌瘦、易出血、术后及产后身体虚弱者尤其适合。

☒NO

血液黏稠者及血栓病人不宜食花生红衣。

烹调技巧

- 花生的做法非常多，可水煮、可热炒、可油炸、可炖汤、可熬粥。其中炖汤和水煮的方法最好。油炸花生米虽然十分香脆，却破坏了不少营养成分，而且性质燥热，多吃容易上火。
- 花生在烹调前，最好先用温水浸泡一会儿，这样可以缩短烹调时间，使花生更容易熟烂，有利于消化。

宫保鸡丁

● 材料

花生米70克，鸡胸肉150克，大葱50克。

● 调料

植物油3大匙，豆瓣酱1大匙，白醋1大匙，白糖2大匙，酱油1大匙，盐1小匙，鸡精1小匙，香油2小匙，水淀粉2大匙。

● 做法

1. 将鸡胸肉切丁，抓匀淀粉，用温油滑熟，将花生米温油炒熟备用，葱切丁。
2. 锅中放油烧热，爆香豆瓣酱，加葱丁、酱油、白糖、醋略炒。
3. 放入花生米、鸡丁、盐、鸡精，勾匀芡，淋香油即可出锅。

美丽心经

这是一道非常有名的川菜，在家用简化的方法制作口味也很不错。鸡丁滑嫩，容易消化，加上补血的花生，对身体有很好的补益作用。

花生凤爪汤

● 材料

花生米100克，鸡爪250克，姜20克，葱20克。

● 调料

料酒2大匙，醋1大匙，白糖1小匙，五香粉1大匙，盐1小匙。

● 做法

1. 将葱切段，姜切片。
2. 锅中放入鸡爪，加适量水烧开，撇去浮沫，放花生米、姜片、葱段、料酒、醋、白糖、五香粉，小火炖煮40分钟，加盐焖10分钟即可。

美丽心经

花生补血养颜，鸡爪含有大量的胶原蛋白，是养护肌肤的佳品，用二者煮汤，能改善气色；产妇食用此汤，可通乳。

桂 圆

性	味	色	对应五脏
平	甘	白	心脾

食材细说

桂圆是龙眼的干制品，是一种药食两用的材料。

桂圆有益气补血的功效，可以增进红细胞及血红蛋白、升高血小板，对高血压、冠心病有防治作用。对于面色萎黄的人还可以改善气色。

桂圆还是安神益智的佳品，对于心悸失眠、神经衰弱、记忆力减退都有很好的疗效，特别有利于更年期女性。研究还发现，常食桂圆对预防子宫癌等妇科肿瘤有神奇的效果。气血虚弱者及产后妇女也可通过桂圆来调养身体。

医书中记载：桂圆“安神补血，久服轻身不老”、“补心脾，治思虑劳伤心脾”，由此可见桂圆的食疗价值。

美丽功效

养心补血，改善气色，安神益智，防治肿瘤，益中补气。

营养成分

糖类、钾、磷、镁、维生素A、维生素C、生物素、叶酸等。

适应人群

☑YES

气血虚弱者及产后女性、更年期女性尤其适合食用。

☒NO

虚火偏盛、风寒感冒、痰黄黏稠、痰中带血者不宜食用。

烹调技巧

- 桂圆多用来熬粥或炖汤，也经常被用作火锅的底料，有很好的滋补作用。注意烹调时要把外壳剥开，只取桂圆肉，让果肉的营养成分充分溶出，才能使其功效得到更好的发挥。

桂圆鸡肉粥

● 材料

大米150克，鸡胸肉100克，桂圆肉30克。

● 调料

淀粉1大匙，盐1小匙，鸡精1小匙。

● 做法

1. 将鸡胸肉切片，用淀粉抓匀。
2. 大米淘洗干净，和桂圆一起放入锅中，加适量水，中火煮30分钟。
3. 放入鸡肉、盐、鸡精，搅匀，再开锅即可。

美丽心经

桂圆补血补气，和鸡肉搭配制成的粥是温补的佳品。此粥适合气血虚弱的人食用。

桂圆橘皮粥

● 材料

糯米150克，桂圆20克，鲜橘皮30克。

● 调料

白糖1大匙。

● 做法

1. 将橘皮切丝，糯米洗净后浸泡2小时。
2. 将所有材料放入锅中，加适量水，中火煮30分钟，放入白糖即可。

美丽心经

桂圆补血、补气、安神；陈皮有健脾胃、助消化的作用。此粥有调理肠胃、安神补血的作用。

核桃

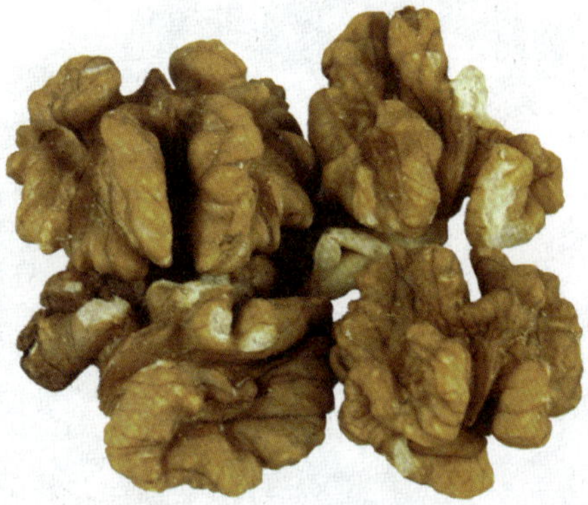

性	味	色	对应五脏
温	甘	黑白	肾肺

食材细说

核桃含有大量的脂肪，其中主要是亚麻油酸等不饱和脂肪酸，不但可以保护心血管，预防动脉硬化、高血压、冠心病等疾病，还是滋养肌肤、黑亮秀发的美容佳品。丰富的维生素E和B族维生素对延缓衰老、修护皮肤、健脑、增强记忆力非常有好处。

此外，常食核桃还有润肠通便、强壮身体、温肺定喘的功效，对肾虚、尿频、咳嗽也有一定的疗效。

美丽功效

滋养肌肤，黑亮头发，延缓衰老，健脑益智，润肠通便。

营养成分

蛋白质、脂肪、维生素E、B族维生素、维生素K、叶酸、钾、磷、镁、钙等。

适应人群

☑YES

身体瘦弱、营养不良、白发早生、便秘者适合食用，中老年人常食有益。

☒NO

肥胖、腹泻、阴虚火旺者不宜多食。

烹调技巧

- 核桃仁外表有一层褐色的薄皮，由于味道有些苦，一些人会撕掉不吃，其实这层皮的营养价值很高，尽量不要丢弃。
- 核桃经常用来熬粥或炒菜。炒菜前要先将核桃炸一下，这样可以使其中的油脂香味充分散发出来，再与其他材料搭配，口感更香脆。
- 核桃也常生吃或制作点心。如果年纪大的人牙齿不好，不妨把核桃磨成粉，冲泡核桃粉饮用。

核桃炒韭菜

● 材料

韭菜150克，核桃仁50克。

● 调料

植物油2大匙，盐1小匙，鸡精1小匙。

● 做法

1. 将韭菜洗净、切段。
2. 锅中倒油烧温热，将核桃炒至变色、变香，放入韭菜，改大火快速翻炒，加盐、鸡精调味即可。

美丽心经

核桃所含的油脂可以润肠通便，韭菜丰富的粗纤维可以清除肠道垃圾，所以，这道菜排毒通便的效果非常显著。

核桃山楂粥

● 材料

大米150克，核桃仁50克，鲜山楂50克。

● 调料

冰糖1大匙。

● 做法

1. 将山楂去核、切片。
2. 将大米淘洗干净，放锅中，加适量水，中火煮20分钟。
3. 放入核桃仁、山楂、冰糖，再煮10分钟即可。

美丽心经

山楂有清肝降火、帮助消化、消除油脂的作用，与核桃搭配食用，就不用担心发胖了。

黑芝麻

美丽功效

健身壮骨、养发乌发、滋润肌肤、益智抗癌。

营养成分

脂肪、钙、磷、镁、钾、锌、维生素E、生物素等。

适应人群

☑YES

白发、脱发、身体虚弱、骨质疏松者最宜食用。

☒NO

肥胖、腹泻者应慎食。

性	味	色	对应五脏
平	甘	黑	肾

食材细说

黑芝麻含有大量的钙，可以强壮骨骼、坚固牙齿、预防骨质疏松。维生素E能延缓衰老、维持肌肤弹性。油脂能滋润皮肤、养护头发、润肠通便。芝麻素有很强的抗氧化作用，能有效抗癌。大量的磷、镁、锌等元素可以健脑益智，增强记忆力。

黑芝麻能健身、壮骨、养发、乌发，自古就是养发的首选食品。

黑芝麻外皮较厚，所以，黑芝麻糊和未经加工的黑芝麻比起来，营养更容易被人体吸收。由于含有大量油脂，吃太多黑芝麻会引起消化不良，减肥者也不宜多食。

烹调技巧

- 黑芝麻制品非常多，如香油、芝麻酱等日常使用的调味料，不但香气诱人，而且营养价值很高，烹调时加一点，对健康是十分有益的。
- 黑芝麻要炒熟后食用，香味才能充分挥发出来。在烹调中，黑芝麻常作为装饰品，既可起到点缀作用，又提香添味。

黑芝麻红豆羹

● 材料

黑芝麻20克，红豆沙70克。

● 调料

冰糖1大匙。

● 做法

1. 将黑芝麻炒熟备用。
2. 将红豆沙用水调稀后倒入煮锅中，加入冰糖，小火煮5分钟。
3. 将煮好的红豆羹盛入碗中，撒上黑芝麻即可。

美丽心经

黑芝麻可以乌发润肤，红豆能改善血液循环、调节体内水分代谢，经常食用，能帮你成为一个气色红润、头发黑亮的美人。

糯米黑芝麻球

● 材料

黑芝麻50克，糯米粉150克，豆沙馅100克。

● 调料

植物油200克。

● 做法

1. 将糯米粉用水和成面团，分成10份。
2. 将糯米面揉成小球，再压成饼，包入豆沙馅，制成汤圆状，粘满黑芝麻。
3. 锅中倒入油，烧至温热，下入黑芝麻球，炸至浮起即可。

美丽心经

糯米黑芝麻球是一道口味香糯的主食，经常食用，可以补中气、润肌肤、壮筋骨、养头发。

杏仁

性：微温　味：苦　色：白　对应五脏：肺

食材细说

杏仁是山杏的种子，也是药食两用的材料。杏仁有甜杏仁和苦杏仁之分，食用多为甜杏仁，药用多为苦杏仁。

自古杏仁就是美容品，既可内服食用，又可做成膏膜外用，有不少护肤品都添加有杏仁成分。常吃杏仁能达到美白肌肤、祛除斑点、红润气色、延缓老化的效果。

杏仁中所含的黄酮类和多酚类成分还可以降低胆固醇、保护心血管。此外，杏仁也可以加强记忆力、减轻抑郁和失眠症状、润肠通便。杏仁是补肺之品，对于咳嗽、气喘、痰盛都有良好的辅助治疗作用。

需要注意的是，杏仁有小毒，一次食用不宜太多。

美丽功效

美容养颜，延缓衰老，保护心血管，润肺止咳。

营养成分

维生素E、维生素P、生物素、钾、磷、钙等。

适应人群

☑YES

肌肤状态不佳、气喘咳嗽者最宜食用。

☒NO

大便溏泄者及婴幼儿应慎食。

烹调技巧

- 干杏仁在烹调前要用凉水浸泡一会儿，一方面可以起到软化作用，另一方面也可以缓解它的毒性。
- 杏仁可以用来熬粥、炒菜，还是做甜品、点心的好材料。将杏仁打成粉随时冲服非常方便，如果再搭配蜂蜜，美容效果就更好了。

杏仁桂花茶

● 材料

杏仁粉20克，桂花10克。

● 调料

白糖1大匙。

● 做法

1. 将杏仁粉和白糖放入碗中混合好，用温水调成稀糊。
2. 冲入刚煮沸的水，一边冲水，一边搅拌至浓稠，撒上桂花即可。

美丽心经

杏仁可以使肌肤白嫩，桂花可以去油解腻、净化身心，排毒效果也很好。

杏仁拌香椿

● 材料

鲜杏仁50克，香椿50克。

● 调料

盐1小匙，香油1小匙。

● 做法

1. 将香椿洗净、切段，用水焯熟后过凉，沥水备用。
2. 将鲜杏仁焯水、过凉、沥水后与香椿一起放入盘中，加入调料拌匀即可。

美丽心经

香椿是春天的时令蔬菜，有清肝解毒的作用，杏仁止咳平喘，对肺部有利。吃这道菜可以提高人体防病、抗病的能力。

枸杞

性	味	色	对应五脏
平	甘	红	肝肾

食材细说

枸杞子有滋养肝肾、养阴补血的效果，能增强造血功能，促进血液循环，提高身体免疫力。常食枸杞子能改善不良气色、减轻脂肪肝、降低胆固醇、调节血糖平衡、抗衰老，还能缓解腰膝酸软、头晕乏力等症状。

枸杞子还有一个重要功能，就是明目，对于眼疲劳、近视、视力衰退、眼目昏花、多泪、白内障等都有很好的防治作用，常食能让人双目更有神采，精神倍增。

美丽功效

养肝明目，滋阴补血，改善气色，提高免疫力。

营养成分

多糖、维生素B_2、胡萝卜素、维生素C、钙、磷、铁、锌等。

适应人群

☑YES

脂肪肝、高血脂、糖尿病、视力不佳者最宜食用。

☒NO

脾胃虚弱、易腹泻者应慎食。

烹调技巧

- 枸杞子的使用非常广泛，除了可以熬粥外，还常用于炒菜、炖汤，既能起到美化、装饰菜肴的作用，又增加了营养价值。
- 枸杞子在烹调前应先用温水浸泡2小时，泡软后再洗净使用。
- 枸杞子与菊花一起泡水饮用，保护视力简单又有效。枸杞子泡酒也是保健的好方法，活血效果不错。

枸杞羊肉羹

● 材料

枸杞子20克，瘦羊肉100克。

● 调料

料酒1大匙，白胡椒粉1小匙，生抽1小匙，鸡精1小匙，香油1小匙，盐1小匙，水淀粉1大匙。

● 做法

1. 将瘦羊肉剁成馅，用料酒抓匀备用。
2. 将枸杞子放入锅中，加适量水，小火煮10分钟，放入羊肉馅划散，加白胡椒粉、生抽、盐、鸡精调味，勾芡，淋上香油即可。

美丽心经

枸杞可以清肝明目、养肾补血，羊肉有益气血、补虚损、补肾强腰的作用。二者搭配，功效更显著。

枸杞山药粥

● 材料

大米150克，枸杞子20克，山药100克。

● 调料

白糖适量。

● 做法

1. 将山药去皮、切块。
2. 将大米淘洗干净，放入煮锅中，加适量水，中火煮20分钟，放山药、枸杞子，继续煮约15分钟，至粥黏稠即可。
3. 食用时可放白糖调味。

美丽心经

山药是健脾益肺的食材，也是美白肌肤的佳品，配合改善血液循环的枸杞，可令肌肤更加白里透红、光彩照人。

美人食材